全国环境影响评价工程师职业资格考试系列参考资料

环境影响评价技术方法

基础过关 800 题

（2013 年版）

徐　颂　主编

U0313985

中国环境出版社·北京

图书在版编目（CIP）数据

环境影响评价技术方法基础过关 800 题：2013 年版／徐颂主编．—6 版．—北京：中国环境出版社，2013.3

全国环境影响评价工程师职业资格考试系列参考资料

ISBN 978-7-5111-1330-6

Ⅰ．①环… Ⅱ．①徐… Ⅲ．①环境影响—评价—工程技术人员—资格考试—习题集 Ⅳ．②X820.3-44

中国版本图书馆 CIP 数据核字（2013）第 030898 号

出 版 人	王新程
责任编辑	黄晓燕
文字编辑	侯华华
责任校对	扣志红
封面设计	马　晓

出版发行　中国环境出版社

（100062　北京市东城区广渠门内大街 16 号）

网　　　址：http://www.cesp.com.cn

电子邮箱：bjgl@cesp.com.cn

联系电话：010-67112765（编辑管理部）

　　　　　　010-67112735（环评与监察图书出版中心）

发行热线：010-67125803，010-67113405（传真）

印　　刷　北京中科印刷有限公司

经　　销　各地新华书店

版　　次　2007 年 1 月第 1 版　2013 年 3 月第 6 版

印　　次　2013 年 3 月第 1 次印刷

开　　本　787×960　1/16

印　　张　12

字　　数　210 千字

定　　价　32.00 元

本书编委会

顾　问　汪诚文　杜鹏飞　王　岩　王军玲

　　　　张增杰　韩玉花

主　任　徐　颂

委　员　陈士明　陈秋燕　徐家颖　魏兴琥

　　　　叶四化

前　言

环境影响评价是我国环境管理制度之一，是从源头上预防环境污染的主要手段。环境影响评价工程师职业资格考试制度是提高环境影响评价水平的一种有效举措，它的实施将整体提高我国环境影响评价从业人员的专业素质。环境影响评价工程师职业资格考试于 2005 年开始实施，考试的科目设《环境影响评价相关法律法规》《环境影响评价技术导则与标准》《环境影响评价技术方法》《环境影响评价案例分析》，其中前三个科目的考试全部采用客观题（单项选择题和不定项选择题）。

为帮助广大考生省时高效地复习应考，我们在总结八年来考试试题的基础上，精心编撰了这套参考书。编写本书的原则就是强调实战，急考生所急，有的放矢，在短时间内快速提高考生的应考能力。因为在复习的过程中做练习是检验复习效果的有效方法，是提高考试成绩的理想途径。

本丛书严格按 2013 年考试大纲的要求，以法律、法规、各种技术导则、标准和方法为依据，按考试大纲逐条逐项编制而成。全部试题完全按照考试形式和考试要求编写，题目涵盖了大纲所有的考点，知识点突出、覆盖面广，出题角度新颖，仿真性强，部分练习在答案中附有详细解析，考生使用方便。

本书可作为参加环境影响评价工程师考试的辅导材料，并可供高等院校环境科学、环境工程等相关专业教学时参考。

本书在编写的过程中，参阅了大量国内外相关文献和书籍，在此一并感谢。同时感谢中国环境出版社黄晓燕编辑及同事为本书付出的劳动。

在今年的修订过程中，生态部分在学习了贾生元研究员的博客之后完成，在此表示感谢。

尽管我们付出了艰辛的劳动，精心编写，但由于水平有限，本书可能存在疏漏，不足之处在所难免，敬请同行和读者批评指正。

更多考试资信请查看徐颂博客http://fsxusong.blog.163.com/。

编　者
2013 年 2 月

目　　录

第一章 工程分析

一、单项选择题（每题的备选选项中，只有一个最符合题意）

1．分析污染型生产工艺过程中水污染物产生量时，应绘制物料平衡图、水平衡图以及（   ）。

    A．废水处理工艺流程图
        B．项目总平面图

    C．水环境功能区划图
        D．生产工艺流程图

2．下列不属于污染型项目工程分析基本内容的是（   ）。

    A．总图布置方案分析
        B．环保措施方案分析

    C．工艺流程
        D．替代方案

3．下列不属于污染物分析内容的是（   ）。

    A．物料与能源消耗定额
        B．污染物排放总量建议指标

    C．水平衡
        D．非正常排放源强统计与分析

4．下列不属于工程概况内容的是（   ）。

    A．物料与能源消耗定额
        B．清洁生产水平

    C．项目组成
        D．人员数量与工作时间

5．下列不属于建设项目选址要考虑内容的是（   ）。

    A．是否与规划相协调
        B．是否影响敏感的环境保护目标

    C．是否违反法规要求
        D．是否与当地的经济发展协调

6．总图布置方案分析时，需参考国家有关防护距离规范，分析厂区与周围环境保护目标之间所定防护距离的可靠性，合理布置建设项目的各构筑物及生产设施，给出（   ）。

    A．总图的地形图
        B．总图各车间布局平面图

    C．总图布置方案与内环境关系图
        D．总图布置方案与外环境关系图

7．总图布置方案分析时，需分析厂区与周围环境保护目标之间所定（   ）的保证性。

    A．卫生防护距离
        B．卫生防护距离和安全防护距离

    C．安全防护距离
        D．卫生防护距离和防火防护距离

8. 某装置产生浓度为 5%的氨水 1 000 t,经蒸氨塔回收浓度为 15%的氨水 300 t,蒸氨塔氨气排气约占氨总损耗量的 40%,进入废水中的氨是(   )。

   A. 2 t/a   B. 3 t/a   C. 5 t/a   D. 15 t/a

9. 某锅炉燃煤量 100 t/h,煤含硫量 1%,硫进入灰渣中的比例为 20%,烟气脱硫设施的效率为 80%,则排入大气中的 SO_2 量为(   )。

   A. 0.08 t/h   B. 0.16 t/h   C. 0.32 t/h   D. 0.40 t/h

10. 某印染厂上报的统计资料显示新鲜工业用水 0.8 万 t,但其水费单显示新鲜工业用水 1 万 t,无监测排水流量,排污系数取 0.7,其工业废水排放(   )万 t。

   A. 1.26   B. 0.56   C. 0.75   D. 0.7

▲(11、12 题根据以下内容回答)A 企业年新鲜工业用水 0.9 万 t,无监测排水流量,排污系数取 0.7,废水处理设施进口 COD 质量浓度为 500 mg/L,排放口 COD 质量浓度为 100 mg/L。

11. A 企业去除 COD 是(   )kg。

   A. 25 200 000   B. 2 520   C. 2 520 000   D. 25 200

12. A 企业排放 COD 是(   )kg。

   A. 6 300   B. 630 000   C. 630   D. 900

13. 某企业年烧柴油 200 t,重油 300 t,柴油燃烧排放系数 1.2 万 m^3/t,重油燃烧排放系数 1.5 万 m^3/t,废气年排放量为(   )万 m^3。

   A. 690   B. 6 900   C. 660   D. 6 600

14. 工程分析时使用的资料复用法,只能在评价等级(   )的建设项目工程分析中使用。

   A. 较高   B. 较低   C. 一级   D. 以上都可以

15. 用经验排污系数法进行工程分析时,此法属于(   )。

   A. 物料衡算法   B. 类比法   C. 数学模式法   D. 资料复用法

16. 物料衡算法能进行工程分析的原理是依据(   )。

   A. 自然要素循环定律   B. 市场经济规律
   C. 质量守恒定律   D. 能量守恒定律

17. 工程分析的方法较为简便,但所得数据的准确性很难保证,只能在评价等级较低的建设项目工程分析中使用,此法是(   )。

   A. 资料复用法   B. 类比法
   C. 专业判断法   D. 物料衡算法

18. 下图为某厂 A、B、C 三个车间的物料关系,下列物料衡量系统表达正确的有(   )。

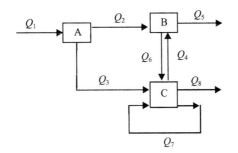

A．$Q_1 = Q_5 + Q_8$　　　　　　　　　　　B．$Q_3 + Q_4 = Q_6 + Q_8$

C．$Q_2 + Q_3 = Q_5 + Q_7$　　　　　　　　D．$Q_2 + Q_3 + Q_4 = Q_5 + Q_6 + Q_8$

19．某除尘系统（一个含尘气体进口，一个净化气体出口和收集粉尘口），已知每小时进入除尘系统的烟气量 Q_0 为 12 000 m^3，含尘浓度 C_0 为 2 200 mg/m^3，每小时收下的粉尘量 G_2 为 22 kg，若不考虑除尘系统漏气影响，净化后的废气含尘浓度为（　　　）mg/m^3。

　　A．46.68　　　　　B．366.67　　　　　C．36.67　　　　　D．466.8

20．某电镀企业每年用铬酸酐（CrO_3）4 t，其中约 15%的铬沉淀在镀件上，约有 25%的铬以铬酸雾的形式排入大气，约有 50%的铬从废水中流失，其余的损耗在镀槽上，则全年从废水排放的六价铬是（　　　）t。（已知：Cr 元素原子量：52）

　　A．2　　　　　　　B．1.04　　　　　　C．2.08　　　　　　D．无法计算

21．某电镀企业使用 $ZnCl_2$ 作原料，已知年耗 $ZnCl_2$ 100 t（折纯）；98.0%的锌进入电镀产品，1.90%的锌进入固体废物，剩余的锌全部进入废水中；废水排放量 15 000 m^3/a，废水中总锌的质量浓度为（　　　）。（Zn 原子量：65.4，Cl 原子量：35.5）

　　A．0.8 mg/L　　　　B．1.6 mg/L　　　　C．3.2 mg/L　　　　D．4.8 mg/L

22．某化工企业年产 400 t 柠檬黄，另外每年从废水中可回收 4 t 产品，产品的化学成分和所占比例为：铬酸铅（$PbCrO_4$）占 54.5%，硫酸铅（$PbSO_4$）占 37.5%，氢氧化铝[$Al(OH)_3$]占 8%。排放的主要污染物有六价铬及其化合物、铅及其化合物、氮氧化物。已知单位产品消耗的原料量为：铅（Pb）621 kg/t，重铬酸钠（$Na_2Cr_2O_7$）260 kg/t，硝酸（HNO_3）440 kg/t。则该厂全年六价铬的排放量为（　　　）t。（已知：各元素的原子量为 Cr =52，Pb=207，Na=23，O=16）

　　A．0.351　　　　　B．6.2　　　　　　C．5.85　　　　　　D．无法计算

23．某企业年投入物料中的某污染物总量 9 000 t，进入回收产品中的某污染物总量为 2 000 t，经净化处理掉的某污染物总量为 500 t，生产过程中被分解、转化的某污染物总量为 100 t，某污染物的排放量为 5 000 t，则进入产品中的某污染物总量为（　　　）t。

　　A．14 000　　　　　B．5 400　　　　　C．6 400　　　　　D．1 400

▲（24～26 题根据以下内容回答）某电厂监测烟气流量为 200 m³/h，烟尘进治理设施前浓度为 1 200 mg/m³，排放浓度为 200 mg/m³，无监测二氧化硫排放浓度，年运转 300 d，每天 20 h；年用煤量为 300 t，煤含硫率为 1.2%，无脱硫设施。

24．该电厂烟尘去除量是（   ）kg。

A．1 200 000   B．1 200   C．1 440   D．1 200 000 000

25．该电厂烟尘排放量是（   ）kg。

A．240   B．24 000 000   C．2 400   D．24 000

26．该电厂二氧化硫排放量是（   ）mg/s。

A．26 666   B．5 760   C．266.7   D．57.6

27．某燃煤锅炉烟气采用碱性水膜除尘器处理。已知燃煤量 2 000 kg/h，燃煤含硫量 1.5%，进入灰渣硫量 6 kg/h，除尘器脱硫率为 60%，则排入大气中的二氧化硫量为（   ）。

A．4.8 kg/h   B．9.6kg/h   C．19.2 kg/h   D．28.8kg/h

28．对于新建项目污染物排放量的统计方法应以（   ）为核算单元，对于泄漏和放散量部分，原则上要实测。

A．车间或工段   B．车间   C．工段   D．单位或车间

29．对于最终排入环境的污染物，确定其是否达标排放，达标排放必须以建设项目的（   ）负荷核算。

A．最小   B．最大   C．平均   D．中等

30．某企业进行锅炉技术改造并增容，现有 SO₂ 排放量是 200 t/a（未加脱硫设施），改造后，SO₂ 产生总量为 240 t/a，安装了脱硫设施后 SO₂ 最终排放量为 80 t/a，请问："以新带老"削减量为（   ）t/a。

A．80   B．133.4   C．40   D．13.6

31．某工程用新鲜水 4 000 m³/d，其中，生产工艺用新鲜水 3 200 m³/d，生活用新鲜水 260 m³/d，空压站用新鲜水 100 m³/d，自备电站用新鲜水 440 m³/d。项目循环水量 49 200 m³/d，该工程水重复利用率为（   ）。

A．81.2%   B．92.5%   C．C．94%   D．98%

32．某工程生产工艺用新鲜水 1 600 m³/d，生活用新鲜水 130 m³/d，公用工程用新鲜水 270 m³/d。项目循环水 24 600 m³/d，则该工程水重复利用率为（   ）。

A．91.5%   B．92.5%   C．C．92.9%   D．93.9%

33．某企业循环水系统用水量为 1 000 m³/h，新鲜水补水量为用水量的 5%。循环水系统排水量为 30 m³/h，循环水利用率（   ）。

A．95.0%   B．95.2%   C．97.0%   D．98.0%

34．某造纸厂日产凸版纸 3 000 t，吨纸耗水量 450 t，经工艺改革后，生产工艺

中采用了逆流漂洗和白水回收重复利用，吨纸耗水降至 220 t。该厂每日的重复水利用率是（ ）。

    A．47.8%   B．95.6%   C．48.9%   D．51.1%

35．某工业车间工段的水平衡图如下（单位：m³/d），该车间的重复水利用率是（ ）。

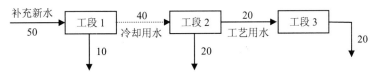

    A．44.4%   B．28.6%   C．54.5%   D．40%

36．接 35 题，该车间工艺水重复利用率为（ ）。

    A．40%   B．28.6%   C．54.5%   D．80%

37．接 35 题，该车间冷却水重复利用率为（ ）。

    A．90%   B．44.4%   C．40%   D．36.4%

38．某企业车间的水平衡图如下（单位：m³/d），该车间的重复水利用率是（ ）。

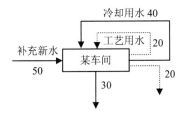

    A．44.4%   B．28.6%   C．54.5%   D．40%

39．某企业给水系统示意图如下图所示（单位：m³/d），该厂的用水重复利用率是（ ）。

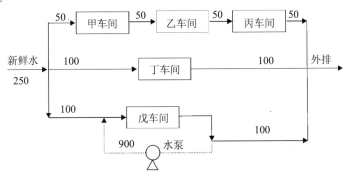

    A．78.3%   B．80%   C．50.5%   D．84%

40．某厂用水情况如下图所示，该厂的用水重复利用率是（　　　　）。

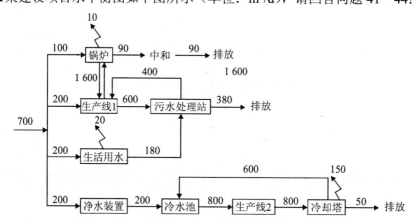

A．32.2%　　　　　B．57%　　　　　C．67.4%　　　　D．63.3%

▲某建设项目水平衡图如下图所示（单位：m³/d），请回答问题41～44：

41．项目的工艺水回用率为（　　　　）。

A．71.4%　　　　　B．75.9%　　　　　C．78.8%　　　　D．81.5%

42．项目的工业用水重复利用率为（　　　　）。

A．75.9%　　　　　B．78.8%　　　　　C．81.5%　　　　D．83.9%

43．项目的间接冷却水循环率为（　　　　）。

A．75.0%　　　　　B．78.8%　　　　　C．81.5%　　　　D．83.9%

44．项目的污水回用率为（　　　　）。

A．43.5%　　　　　B．46.0%　　　　　C．51.3%　　　　D．65.8%

45．无组织排放源是指没有排气筒或排气筒高度低于（　　　　）排放源排放的污染物。

A．10 m　　　　B．12 m　　　　C．15 m　　　　D．18 m

46．通过全厂物料的投入产出分析，核算无组织排放量，此法为（　　　）。

A．现场实测法　　B．物料衡算法　　C．模拟法　　　D．反推法

47．通过对同类工厂，正常生产时无组织排放监控点的现场监测，利用面源扩散模式反推确定无组织排放量，此法为（　　　）。

A．现场实测法　　B．物料衡算法　　C．模拟法　　　D．反推法

48．在分析环保设施投资构成及其在总投资中所占的比例时，一般可按水、气、声、固废、绿化等列出环保投资一览表，但对技改扩建项目，一览表还应包括（　　　）的环保投资。

A．以老带新　　　B．以新带老　　　C．引资　　　　D．原有

49．在分析依托设施的可行性时，如废水经简单处理后排入区域污水处理厂，需分析污水处理厂的工艺是否与项目（　　　）相符，是否还有足够处理能力等。

A．工艺　　　　　B．水文特征　　　C．水质特征　　D．规模

50．生态影响型项目工程分析必须做（　　　）分析。

A．时空　　　B．重要时期　　C．建设期、运营后期　　D．全过程

51．施工期的工程措施对生态影响途径分析，主要包括施工人员施工活动、机械设备使用等使（　　　）改变，使土地和水体生产能力及利用方向发生改变。

A．大气、地形地貌　　　　　　　　B．植被、地形地貌

C．植被、声环境　　　　　　　　　D．地形地貌

52．某废水处理站采用二级处理工艺，进水量为 10 000 m³/d，COD 质量浓度为 1 500 mg/L；一级 COD 去除率为 80%，二级 COD 去除率为 70%。则该处理站外排 COD 是（　　　）。

A．0.45 t/d　　　B．0.90 t/d　　　C．1.80 t/d　　　D．3.75 t/d

二、不定项选择题（每题的备选项中至少有一个符合题意）

1．下列属于污染型项目工程分析基本内容的有（　　　）。

A．总图布置方案分析　　　　　　B．环保措施方案分析

C．工艺流程及产污环节分析　　　D．污染物分析

E．清洁生产水平分析

2．下列属于污染物分析内容的有（　　　）。

A．污染物产污环节　　　　　　　B．污染物排放总量建议指标

C．物料平衡与水平衡　　　　　　D．非正常排放源强统计与分析

E．无组织排放源强统计与分析

3．下列属于总图布置方案分析内容的有（　　　）。

　A．厂区与周围的保护目标的防护距离的安全性

　B．据气象和水文等自然条件分析厂区和车间布置的合理性

　C．环境敏感点处置措施的可行性

　D．环保设施构成及有关经济技术参数的合理性

4．总图布置方案与外环境关系图应标明（　　　）。

　A．保护目标与建设项目的方位关系

　B．保护目标与建设项目的距离

　C．比例尺

　D．保护目标的内容与性质

　E．风向玫瑰图

5．与拟建污染型项目环境影响程度有关的因素包括（　　　）。

　A．选址　　　　　B．生产工艺　　　　　C．生产规模　　　　　D．原辅材料

6．建设项目选址应从下列（　　　）方面进行环境合理性论证。

　A．是否与规划相协调　　　　　　　　B．是否影响敏感的环境保护目标

　C．是否违反法规要求　　　　　　　　D．是否满足环境功能区要求

　E．是否造成重大资源经济和社会文化损失

7．总图布置方案分析的内容包括（　　　）。

　A．分析厂区的区位优势的合理性

　B．分析厂区与周围环境保护目标之间所定卫生防护距离和安全防护距离的保证
　　性

　C．根据气象、水文等条件分析工厂和车间布置的合理性

　D．分析对周围环境敏感点处置措施的可行性

8．对于污染型项目，一般从其厂区总平面布置图中可以获取的信息有（　　　）。

　A．采用的工艺流程　　　　　　B．建（构）筑物位置

　C．主要环保设施位置　　　　　D．评价范围内的环境敏感目标位置

9．在建设项目可行性报告中不能满足工程分析的需要时，目前可供选择的方法有（　　　）。

　A．物料衡算法　　　　　　B．类比法　　　　　　C．数学模式法

　D．资料复用法　　　　　　E．专业判断法

10．采用类比法进行工程分析时，应充分注意分析对象与类比对象之间的相似性和可比性，具体应注意以下哪些方面？（　　　）

　A．环境特征的相似性　　　　　　　　B．投资渠道的相似性

　C．工程一般特征的相似性　　　　　　D．污染物排放特征的相似性

11. 技改扩建项目污染物源强在统计污染物排放量时，应算清新老污染源"三本账"，具体包括（ ）。

A. 技改扩建项目污染物排放量 B. 技改扩建前污染物削减量

C. 技改扩建前污染物排放量 D. 技改扩建完成后污染物排放量

12. 对于新建项目污染物排放量的计算，应算清"两本账"，这"两本账"指（ ）。

A. 生产过程中的产污量 B. 污染物最终排放量

C. 实现污染物防治措施后的污染物削减量 D. "以新带老"削减量

13. 对于用装置流程图的方式说明生产过程的建设项目，同时应在工艺流程中表明污染物的（ ）。

A. 产生位置 B. 产生量 C. 处理方式 D. 污染物的种类

14. 无组织排放源是指（ ）排放的污染物。

A. 无规律 B. 没有排气筒

C. 排气筒高度低于 10 m 排放源 D. 排气筒高度低于 15 m 排放源

15. 无组织排放源的源强确定方法有（ ）。

A. 资料复用法 B. 物料衡算法 C. 类比法 D. 反推法

16. 非正常排污是下列哪些情况的排污？（ ）

A. 开、停车排污 B. 正常生产排污

C. 部分设备检修排污 D. 其他非正常工况排污

17. 环境影响评价中，在（ ）的情况下需进行非正常工况分析。

A. 正常开、停车 B. 工艺设备达不到设计规定要求

C. 部分设备检修 D. 环保设施达不到设计规定要求

18. 环保措施方案分析的内容包括（ ）。

A. 分析依托设施的可行性

B. 分析建设项目可研阶段环保措施方案的技术经济可行性

C. 分析项目采用污染处理工艺，排放污染物达标的可靠性

D. 分析环保设施投资构成及其在总投资中所占的比例

19. 生态影响型项目工程分析的技术要点一般包括（ ）。

A. 重点工程明确 B. 工程组成完全 C. 全过程分析

D. 污染源分析 E. 其他分析

20. 生态影响型项目工程分析时，下列（ ）应纳入分析中。

A. 短期临时的工程 B. 公用工程 C. 长期临时的工程

D. 环保工程 E. 辅助工程

21. 生态影响型项目工程分析时，下列时期（ ）应纳入分析中。

A．建设期　　　　　　　B．运营期　　　　　　C．设计方案期

D．运营后期　　　　　　E．选址选线期

22．下列（　　）是属于生态影响型项目工程分析的一般要求。

A．重点工程明确　　　　　　　　　B．全过程分析

C．工程组成完整　　　　　　　　　D．污染源分析

23．生态影响型建设项目工程分析中，应纳入生态影响源项分析的有（　　）。

A．取弃土场位置和土石方量　　　　B．占地类型和面积

C．移民安置方案　　　　　　　　　D．生态恢复

24．公路项目某桥梁拟跨越敏感水体，水环境影响评价的工程分析应考虑（　　）。

A．施工方案　　　　　　　　　　　B．桥梁结构设计

C．事故风险　　　　　　　　　　　D．桥面径流

25．高速公路项目临时工程包括（　　）。

A．施工道路　　　　　　　　　　　B．施工场地

C．服务区　　　　　　　　　　　　D．取弃土场

E．物料堆场

26．对高速公路弃土场进行工程分析时，应明确弃土场（　　）。

A．数量　　　　　　　　　　　　　B．占地类型

C．方式　　　　　　　　　　　　　D．生态恢复

参考答案

一、单项选择题

1．D　【解析】生产工艺流程图能反映产生水污染物的环节或节点。

2．D　3．A　4．B

5．D　【解析】建设项目的选址、选线和规模，应从是否与规划相协调、是否违反法规要求、是否满足环境功能区要求、是否影响敏感的环境保护目标或造成重大资源经济和社会文化损失等方面进行环境合理性论证。

6．D　7．B

8．B　【解析】用物料衡算原理。产生量＝1 000 t×5%＝50 t；回收＝300 t×15%＝45 t；总损耗量＝50－45＝5 t。蒸氨塔氨气排气约占氨总损耗量的40%，既2 t，则进入废水中的氨是3 t。

9．C　【解析】$100 \times 1\% \times (1 - 20\%) \times (1 - 80\%) \times 2 = 0.32(t/h)$

10．D　【解析】经验排污系数法在实务中用得较多。新鲜工业用水如有自来水厂的数据应优先使用自来水厂的数据，如没有自来水厂的数据则用企业上报的数据。工业废水排放量 = 1 万 t × 70% = 0.7 万 t。

11．B　【解析】COD 去除量 = $9\,000 \text{ t} \times 0.7 \times 10^3 \times (500 - 100) \text{ mg/L} \times 10^{-6} = 2\,520$ kg。

注：1 t 水 = 1 000 kg

1 kg = 1 000 g = 1 000 000 mg

1 t 水 × 1 mg/L = 0.001 kg

12．C　【解析】COD 排放量 = $9\,000 \text{ t} \times 0.7 \times 10^3 \times 100 \text{ mg/L} \times 10^{-6} = 630$ kg。

13．A　【解析】废气年排放量 = $200 \times 1.2 + 300 \times 1.5 = 690$ 万 m³。

14．B　15．B　16．C　17．A

18．A　【解析】物料流 Q 是一种概括，可以设想为水、气、渣、原材料等的加工流程，是一种物质平衡体系。系统有下列平衡关系：

把全厂看着一个衡算系统，平衡关系为：$Q_1 = Q_5 + Q_8$

把 A 车间作为一个衡算系统，平衡关系为：$Q_1 = Q_2 + Q_3$

把 B 车间作为一个衡算系统，平衡关系为：$Q_2 + Q_4 = Q_5 + Q_6$

把 C 车间作为一个衡算系统，平衡关系为：$Q_3 + Q_6 = Q_4 + Q_8$

把 B、C 车间作为一个衡算系统，平衡关系为：$Q_2 + Q_3 = Q_5 + Q_8$。注意：Q_4 和 Q_6 作为 B、C 两车间之间的交换不参与系统的衡算。循环量 Q_7 会互相消去。

19．B　【解析】每小时进入除尘系统的烟尘量 = $12\,000 \times 2\,200 \times 10^{-6} = 26.4$ kg

根据物料衡算：进入的烟尘量 = 收集的烟尘量 + 排放的烟尘量

所以：排放的烟尘量 = 26.4 − 22 = 4.4 kg

由于不考虑除尘系统漏气影响，净化后的废气量等于入口量，则：

净化后的废气含尘浓度 = $(4.4 \times 10^6) / 12\,000 = 366.67$（mg/m³）

20．B　【解析】本题属化学原材料的物料衡算。

首先要从分子式中算铬的换算值，铬的换算值 = $\dfrac{52}{52 + 16 \times 3} \times 100\% = 52\%$

据物料衡算和题中提供的信息，从废水流失的六价铬只有 50%，则全年从废水流失的铬 = 4 t × 50% × 52% = 1.04（t）

21．C　【解析】

（1）首先要分别计算锌在原材料的换算值。

原材料锌的换算值 = $\dfrac{65.4}{65.4 + 35.5 \times 2} \times 100\% = \dfrac{65.4}{136.4} \times 100\% = 47.94\%$

（2）每吨原料所含有锌重量

$1 \times 10^3 \times 47.94\% = 479.4$（kg/t）

（3）进入废水中锌的含量

$100 \times$（$1 - 98\% - 1.9\%$）$\times 479.4 = 47.94$ kg

（4）废水中总锌的质量浓度

$(47.94 \times 10^6)/(15\,000 \times 10^3) \approx 3.2$ (mg/L)

22．C　【解析】本题比较复杂，这种题可能会放在案例中考试。

（1）首先要分别计算铬在产品和原材料的换算值。

产品（铬酸铅）铬的换算值 $= \dfrac{52}{207 + 52 + 16 \times 4} \times 100\% = \dfrac{52}{323} \times 100\% = 16.1\%$

原材料（重铬酸钠）铬的换算值

$$= \dfrac{2 \times 52}{23 \times 2 + 52 \times 2 + 16 \times 7} \times 100\% = \dfrac{104}{262} \times 100\% = 39.69\%$$

（2）每吨产品所消耗的重铬酸钠原料中的六价铬重量

　　$260 \times 39.69\% = 103.2$（kg/t）

　　每吨产品中含有六价铬重量（铬酸铅占 54.5%）

　　$1\,000 \times 54.5\% \times 16.1\% = 87.7$（kg/t）

（3）生产每吨产品六价铬的损失量

　　$103.2 - 87.7 = 15.5$（kg/t）

（4）全年六价铬的损失量

　　$15.5 \times 400 = 6\,200$（kg）$= 6.2$ t

（5）计算回收的产品中六价铬的重量

　　$4\,000 \times 54.5\% \times 16.1\% = 351$ kg $= 0.351$ t

（6）计算全年六价铬的实际排放量

　　$6.2 - 0.351 = 5.849$ t ≈ 5.85 t

按照上述方法还可计算其他污染物的排放量。

23．D　【解析】利用公式 $\sum G_{排放} = \sum G_{投入} - \sum G_{回收} - \sum G_{处理} - \sum G_{转化} - \sum G_{产品变换}$ 可求得 $\sum G_{产品}$。

24．B　【解析】烟尘去除量 $= 200 \times$（$1\,200 - 200$）$\times 300 \times 20 \times 10^{-6} = 1\,200$ kg

25．A　【解析】烟尘排放量 $= 200 \times 200 \times 300 \times 20 \times 10^{-6} = 240$ kg

26．C　【解析】用物料衡算法计算二氧化硫排放量（二氧化硫源强公式[①]）。

二氧化硫排放量 $=$（$300 \times 10^9 \times 2 \times 0.8 \times 1.2\%$）$/$（$300 \times 20 \times 3\,600$）$= 266.7$ mg/s。

---

① 此公式虽然在参考教材中没有列出，但在实务中常用此式。

注意单位转换。

27. C 【解析】[(2000 × 1.5% × 2) − 6 × 2] × (1 − 60%) =48 × 0.4=19.2。此题注意两点：一是计算二氧化硫量时没有乘0.8，是因为题中已告之进入灰渣硫量，表示了硫不能完全转化二氧化硫；二是本题要计算二氧化硫的排放量，灰渣硫量 6 kg/h 要乘 2 才是二氧化硫量。

28. A 29. B

30. B 【解析】第一本账（改扩建前排放量）：200 t/a

第二本账（扩建项目最终排放量）：技改后增加部分为 240 − 200 t/a = 40 t/a，处理效率为（240 − 80）/240 × 100% = 66.7%，技改新增部分排放量为 40 × （1 − 66.7%）= 13.32 t/a

"以新带老"削减量：200 × 66.7% = 133.4 t/a

第三本账（技改工程完成后排放量）：80 t/a

注：此题因处理效率不是整数，算出来的结果与三本账的平衡公式有点出入。

31. B 【解析】因为该题问的是"该工程水重复利用率"，新鲜水应为 4 000 m³/d，而不是生产工艺用新鲜水 3 200 m³/d。49 200/53 200=92.5%。

32. B 【解析】2008 年考题。

$$该工程水重复利用率 = \frac{24\,600}{24\,600 + 1\,600 + 130 + 270} \times 100\% = 92.5\%$$

33. B 【解析】1 000/（1 000+50）=95.2%。新鲜水补水量为 50 m³/h，其中 30 m³/h 为排水量，其余 20 m³/h 为其他损耗。

34. D 【解析】此题是一个文字描述题，在实际中应用较广。工艺改革前的造纸日用新鲜水量为：3 000 × 450=1 350 000（t/d）；工艺改革后的日用新鲜水量为：3 000 × 220=660 000（t/d）；该厂的重复用水量为：1 350 000 − 660 000=690 000（t/d）；该厂的重复用水率为：（690 000/1 350 000）× 100%=51.1%。当然，此题有很简洁的计算方法。

35. C 【解析】由于教材没有对重复利用水量进行定义，很多考生在做这类题时经常搞错。重复利用水量是指在生产过程中，在不同的设备之间与不同的工序之间经两次或两次以上重复利用的水量；或经处理之后，再生回用的水量。本题属前一种情况。

根据工业用水重复利用率的公式：工业用水重复利用率 = 重复利用水量/（重复利用水量 + 取用新水量），根据图示，本题的水重复利用了两次，重复利用水量为两次重复利用的和，即：（40+20）=60 m³/d，取用新水量为：50 m³/d。

另外，"重复利用率"的名称不同的教材或文献有不同的说法，有的称"循环率"、"回用率"等，总体的意思基本相同。

36. B 【解析】从图中可知，工艺水重复水量为 20 m³/d，根据工艺水重复利用

率的公式：工艺水重复利用率 = 工艺水重复水量/（工艺水重复水量 + 工艺水取水量），
该车间工艺水取水量为补充新水量（本题是问"车间"），即：50 m³/d。

37．B　【解析】从图中可知，冷却水重复水量为 40 m³/d，根据冷却水重复利用
率的公式：冷却水重复利用率 = 冷却水重复利用量/（冷却水重复利用量 + 冷却水取
水量），车间冷却水取水量就是车间补充新水量（本题是问"车间"），即：50 m³/d。

38．C　【解析】本题的水平衡图与 35 题图的内容其实是一样的，只是表达的方
式不一样。本题的水平衡图用的是归纳法，是把不同工段合并为一个车间，也就是说，
本题是把车间作为一个对象，而前图是把工段作为一个对象。环评经常用此图来表达。
不管用什么方式表达，理解了重复利用水的概念至关重要，接下来的题目将更为复杂些。

39．B　【解析】本题重复利用水量既有串级重复使用（2 次），也有循环重复使用。
重复利用水量为：（50+50+900）=1 000 m³/d，取用新水量为：250 m³/d。用水重复利
用率 = 1 000/（1 000 + 250）=80%。

从上述计算和实例中可知，重复用水量的实质是节约用水量。因为水被重复使用了，
也就相当于节省了新鲜水的用量。

40．D　【解析】本题稍复杂，关键是要从图中找出新鲜水量和重复用水量。各车
间的串级使用属于重复用水量。计算公式和详细图解如下：

$$重复用水率 = \frac{\underbrace{600+570+300+270+330}_{重复用水}}{\underbrace{(1\ 000+200)}_{新鲜水}+\underbrace{(600+570+300+270+330)}_{重复用水}} \times 100\% = \frac{2\ 070}{3\ 270} \times 100\% = 63.3\%$$

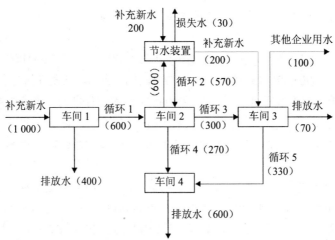

41．A　【解析】2005 年考试出了这类题（8 分，每空 2 分）[①]，考查水平衡与清

---

① 因仅凭编者回忆，数字不是原试题的数字。

洁生产有关指标的知识。注意：该图的画法与前面的图有些不同，有的环节不是串级重复使用水量，仅表示一个过程。

根据工艺水回用率的公式：工艺水回用率＝工艺水回用量/（工艺水回用量＋工艺水取水量），工艺水回用量为（400+600）m^3/d，工艺水取水量为（200+200）m^3/d。

42. B　【解析】根据工业用水重复利用率的公式：工业用水重复利用率＝重复利用水量/（重复利用水量＋取用新水量），重复利用水量为（1 600+400+600）m^3/d，取用新水量为（100+200+200+200）m^3/d。

43. A　【解析】根据间接冷却水循环率的公式：间接冷却水循环率＝间接冷却水循环量/（间接冷却水循环量＋间接冷却水系统取水量），间接冷却水循环量为600 m^3/d，间接冷却水系统取水量为200 m^3/d。

44. B　【解析】根据污水回用率的公式：污水回用率＝污水回用量/（污水回用量＋直接排入环境的污水量），污水回用量为400 m^3/d，直接排入环境的污水量为（90＋380）m^3/d，冷却塔排放的为清净下水，不计入污水量。

通过上述水平衡图的练习，相信各位考生对水平衡图和各种指标的应用基本掌握了。

45. C　46. B　47. D　48. B　49. C　50. D

51. B　【解析】施工期的工程措施对生态影响途径分析，主要包括施工人员施工活动、机械设备使用等使植被、地形地貌改变，使土地和水体生产能力及利用方向发生改变，以及由于生态因子的变化使自然资源受到影响。

52. B　【解析】
$1 500 \times （1-80\%）\times （1-70\%）\times 10 000 \times 10^{-6}=0.90$ t/d

二、不定项选择题

1. ABCDE　2. BCDE　3. ABC　4. ABDE　5. ABCD

6. ABCDE　【解析】建设项目的选址、选线和规模，应从是否与规划相协调、是否违反法规要求、是否满足环境功能区要求、是否影响敏感的环境保护目标或造成重大资源经济和社会文化损失等方面进行环境合理性论证。

7. BCD

8. BC　【解析】厂区总平面布置图中能标明临近的环境敏感目标位置，教材中也要求总图布置要标识保护目标与建设项目的关系，但要把"评价范围内"的环境敏感目标位置在平面布置图中都标明，不符合实际，还需要用其他图件另外标明。

9. ABD　10. ACD　11. ACD　12. AC　13. AD　14. BD　15. BCD

16. ACD　【解析】其他非正常工况排污是指工艺设备或环保设施达不到设计规定指标的超额排污。

17. ABCD   18. ABCD   19. ABCDE   20. ABCDE   21. ABCDE   22. ABCD

23．ABC   【解析】ABC 三选项均涉及生态影响。至于 D 选项，它是生态保护措施，不应属于生态影响源。

24．ABCD   【解析】公路以桥梁形式跨越敏感水体对水环境的影响是需要特别关注的。不同的施工方案对水环境的影响是不同的，如水中墩施工时是否设置围堰或设置什么形式的围堰；桥梁结构设计也是要考虑的，如是否设置防撞栏，是否设置导排水设施（这与桥面径流有关）等。对水环境有影响的运输危险品事故风险也要考虑。

25．ABDE   【解析】服务区属于工程建设内容的一个重要组成部分，显然不能视为临时工程。而施工道路、施工场地、取弃土场及物料堆放场均为临时占地，在工程结束后是需要进行恢复和整治的。

26．ABCD

第二章　环境现状调查与评价

一、单项选择题（每题的备选选项中，只有一个最符合题意）

1. 自然环境调查时，当地形地貌与建设项目密切相关时，除应比较详细地叙述地形地貌全部或部分内容外，还应附建设项目周围地区的（　　　）。

　　A. 区位图　　　　　　　　　　　　B. 地理位置图

　　C. 土地利用现状图　　　　　　　　D. 地形图

2. 据《环境影响评价技术导则—总纲》，在进行社会环境现状调查与评价时，当建设项目拟排放的污染物毒性较大时，应进行（　　　），并根据环境中现有污染物及建设项目将排放污染物的特性选定调查指标。

　　A. 文物与"珍贵"景观调查　　　　B. 人口分布调查

　　C. 人群健康调查　　　　　　　　　D. 交通运输调查

3. 对于新建项目，大气污染源调查与分析的方法有：（　　　）。

　　A. 现场实测、类比法和经验估计法　　B. 物料衡算法

　　C. 类比调查、物料衡算法和设计资料　　D. 现场调查和实测法

4. 针对一些无法实测的大气污染源，对生产过程中所使用的物料情况进行定量分析的一种科学方法是（　　　）。

　　A. 类比法　　　B. 物料衡算法　　　C. 经验估计法　　　D. 现场调查

▲（5、6 题根据以下内容回答）某厂有一台链条炉（烟气中的烟尘占灰分量的 80%），装有湿式除尘器，除尘效率为 80%，用煤量为 1.8 t/h，煤的灰分含量为 25%，含硫率 2%。

5. 该锅炉 SO_2 的排放量是：（　　　）。

　　A. 32 000 mg/s　　B. 16 000 mg/s　　C. 40 000 mg/s　　D. 64 000 mg/s

6. 该锅炉烟尘的排放量是：（　　　）。

　　A. 20 g/s　　　　　B. 20 kg/h　　　　　C. 30 kg/s　　　D. 25 kg/s

7. 对于评价范围内的在建和未建项目的大气污染源调查，可用（　　　）确定。

　　A. 物料衡算　　　　　　　　　　B. 类比调查

　　C. 已批准的环境影响报告书中的资料　　D. 设计资料

8. 对于现有项目和改、扩建项目的现状大气污染源调查，可用（　　　）确定。

A．类比调查　　　B．物料衡算　　　C．设计资料　　　D．实际监测

9．对于分期实施的工程项目，大气污染源调查与分析可利用前期工程最近（　　）的验收监测资料、年度例行监测资料或进行实测。

A．1 年内　　　B．2 年内　　　C．3 年内　　　D．5 年内

10．2008 年，某企业 15 m 高排气筒颗粒物最高允许排放速率为 3.50 kg/h，受条件所限排气筒高度仅达到 7.5 m，则颗粒物最高允许排放速率为（　　）。

A．3.50 kg/h　　B．1.75 kg/h　　C．0.88 kg/h　　D．0.44 kg/h

11．按《大气污染物综合排放标准》规定，某企业 100m 高排气筒二氧化硫最高允许排放速率为 170 kg/h，受各种因素影响，该企业实建排气筒高度达到 200 m，则二氧化硫最高允许排放速率为（　　）。

A．340 kg/h　　B．170 kg/h　　C．680 kg/h　　D．255 kg/h

12．按《大气污染物综合排放标准》规定，某企业 100 m 高排气筒二氧化硫最高允许排放速率为 170 kg/h，但是，在距该企业 100 m 处有一栋建筑物有 105 m，则该企业二氧化硫最高允许排放速率为（　　）。

A．170 kg/h　　B．340 kg/h　　C．85 kg/h　　D．200 kg/h

13．按规定，某企业 100 m 高排气筒二氧化硫最高允许排放速率为 170 kg/h，90 m 高排气筒二氧化硫最高允许排放速率为 130 kg/h。该企业排气筒实建 95 m，则该企业二氧化硫最高允许排放速率为（　　）。

A．130 kg/h　　B．170 kg/h　　C．150 kg/h　　D．165 kg/h

14．大气环境三级评价项目的现状监测布点原则是在评价区内按（　　）布点。

A．环境功能区法　　B．平行线法　　C．同心圆法　　D．极坐标布点法

15．大气环境各级评价项目现状监测布点方法是（　　）。

A．同心圆法　　　　　　　　　B．环境功能区法
C．极坐标布点法　　　　　　　D．不同等级方法不一样

16．大气环境一级评价项目现状监测时，以监测期间所处季节的（　　）为轴向，取（　　）为 0°，至少在约 0°、45°、90°、135°、180°、225°、270°、315°方向上各设置 1 个监测点。

A．主导风向，下风向　　　　　B．主导风向，上风向
C．东西向，下风向　　　　　　D．东西向，上风向

17．大气环境二级评价项目现状监测时，以监测期间所处季节的主导风向为轴向，取上风向为 0°，至少在约（　　）方向上各设置 1 个监测点，主导风向下风向应加密布点。

A．0°、45°、90°、135°、180°、225°、270°、315°
B．0°、180°

C．0°、90°、180°、270°

D．0°、45°、135°、225°、315°

18．大气环境三级评价项目现状监测时，以监测期间所处季节的主导风向为轴向，取上风向为0°，至少在约（　　　）方向上各设置1个监测点，主导风向下风向应加密布点。

A．0°、45°、90°、135°、225°、270°、315°　　　B．0°、180°

C．0°、270°　　　　　　　　　　　　　　　　　　D．0°、45°、225°、270°

19．大气环境一级评价项目现状监测时，以监测期间所处季节的主导风向为轴向，取上风向为0°，至少在约（　　　）方向上各设置1个监测点，并且在下风向加密布点。

A．0°、90°、225°、315°

B．0°、45°、90°、135°、180°、225°、270°、315°

C．0°、35°、70°、105°、140°、175°、210°、245°、280°、315°

D．0°、45°、135°、225°、315°

20．对大气环境一级评价项目，监测点应包括评价范围内有代表性的环境空气保护目标，监测点数（　　　）个。

A．≥6　　　　　　B．≥10　　　　　　C．≥8　　　　　　D．＞10

21．对大气环境二级评价项目，监测点应包括评价范围内有代表性的环境空气保护目标，监测点数（　　　）个。

A．≥4　　　　　　B．≥8　　　　　　C．≥10　　　　　　D．≥6

22．对大气环境三级评价项目，若评价范围内无例行监测点位，或评价范围内没有近3年的监测资料，监测点数应（　　　）。

A．不再安排现状监测　　　　　　　B．布置1个点进行监测

C．布置2～4个点进行监测　　　　　D．布置2个点进行监测

23．大气环境监测点周围空间应开阔，采样口水平线与周围建筑物的高度夹角（　　　）。

A．小于30°　　　B．小于45°　　　C．小于60°　　　D．小于75°

24．大气环境质量现状监测结果统计分析，应以（　　　）给出各监测点大气污染物的不同取值时间的浓度变化范围，计算出各取值时间最大浓度值占相应标准浓度限值的百分比和超标率。

A．图的方式　　　　　　　　　　　B．柱状图的方式

C．列表的方式　　　　　　　　　　D．分布图的方式

25．若进行为期一年的二氧化硫环境质量监测，每天测12 h，每小时采样时间45 min以上，每月测12天。在环评中这些资料可用于统计分析二氧化硫的（　　　）。

　　A．1 h 平均浓度　　　　　　　　　　　B．日平均浓度

　　C．季平均浓度　　　　　　　　　　　　D．年平均浓度

26．一级评价的补充地面气象观测应进行为期（　　　）的连续观测。

　　A．3 个月　　　　B．6 个月　　　　C．10 个月　　　　D．一年

27．二级评价的补充地面气象观测可选择有代表性的季节进行连续观测，观测期限应在（　　　）以上。

　　A．2 个月　　　　B．4 个月　　　　C．6 个月　　　　D．8 个月

28．空气的水平运动称为风，风向指风的来向，用（　　　）个方位表示。

　　A．8　　　　　B．16　　　　　C．10　　　　　D．24

29．风频表征（　　　）受污染的几率。

　　A．上风向　　　　B．主导风向　　　　C．下风向　　　　D．次主导风向

30．影响大气扩散能力的主要热力因子是（　　　）。

　　A．风和大气稳定度　　　　　　　　　　B．温度层结和湍流

　　C．风和湍流　　　　　　　　　　　　　D．温度层结和大气稳定度

31．吹某一方向的风的次数，占总的观测统计次数的百分比，称为该风向的（　　　）。

　　A．风频　　　　B．风玫瑰图　　　　C．风场　　　　D．联合频率

32．大气湍流是指气流在三维空间内随空间位置和时间的（　　　）涨落。

　　A．有规则　　　　　　　　　　　　　　B．不规则

　　C．水平方向不规则　　　　　　　　　　D．垂直方向不规则

33．影响大气扩散能力的主要动力因子是（　　　）。

　　A．风和大气稳定度　　　　　　　　　　B．温度层结和大气稳定度

　　C．风和湍流　　　　　　　　　　　　　D．温度层结和湍流

34．下列关于山谷风的说法，错误的是（　　　）。

　　A．山谷风是发生在山区的山风和谷风的总称

　　B．白天风从山谷近地面吹向山坡，晚上风从山坡近地面吹向山谷

　　C．晚上风从山谷近地面吹向山坡，白天风从山坡近地面吹向山谷

　　D．山谷风是由于山坡和山谷受热不均而产生的

35．下列关于城市热岛环流的说法，正确的是（　　　）。

　　A．城市热岛环流是由于城乡湿度差异形成的局地风

　　B．近地面，风从郊区吹向城市，高空则相反

　　C．白天风从城市近地面吹向郊区，晚上风从郊区近地面吹向城市

　　D．市区的污染物通过近地面吹向郊区

36．在风玫瑰图中出现 $C=34\%$，其表达的意思是（　　　）。

A．主导风频率为 34% B．静风频率为 34%

C．小风频率为 34% D．静风联合频率为 34%

37．下列哪个风玫瑰图能准确反映统计资料的数据？（ ）

风向	N	NNE	NE	ENE	E	ESE	SE	SSE
频率/%	5.17	6.67	3.67	3.33	8.33	19.50	7.67	6.00
风向	S	SSW	SW	WSW	W	WNW	NW	NNW
频率/%	4.50	5.17	2.83	2.50	2.33	6.17	6.00	8.83

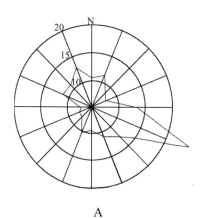

A

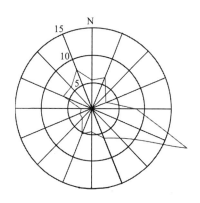

B

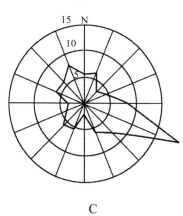

C

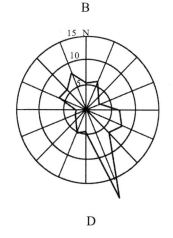

D

38．风向玫瑰图中的 C 代表风速（ ）。

A．0 m/s B．<0.5 m/s C．≤0.5 m/s D．0～1.0 m/s

39．风廓线是指（ ）。

A．风速随时间的变化 B．风速随温度的变化

C．风速随高度的变化　　　　　　　　　　D．风速随湿度的变化

40．温廓线是反映（　　　）。

A．温度随高度的变化影响热力湍流扩散的能力

B．温度随高度的变化影响动力湍流扩散的能力

C．温度随高度的变化影响热力水平扩散的能力

D．温度随高度的变化影响动力水平扩散的能力

41．所谓逆温是指气温随海拔高度（　　　）的现象。

A．减少　　　　　　B．不变　　　　　　C．增加　　　　　　D．不变或减少

42．下列关于海陆风的说法，错误的是（　　　）。

A．海陆风是由于海陆热量反应差异造成的　　B．白天下层气流由海洋吹向陆地

C．夜间上层气流由海洋吹向陆地　　　　　　D．夜间下层气流由海洋吹向陆地

43．风向玫瑰图应同时附当地气象台站（　　　）以上气候统计资料的统计结果。

A．10年　　　　　　B．15年　　　　　　C．20年　　　　　　D．30年

44．主导风向指（　　　）。

A．风频最大的风向　　　　　　　　　　B．风频最大的风向角的范围

C．风频最小的风向　　　　　　　　　　D．风速最大的风向角的范围

45．主导风向指风频最大的风向角的范围，风向角范围一般为（　　　）的夹角。

A．15°～35°　　　　　　　　　　　　B．35°～45°

C．17.5°～35°　　　　　　　　　　　D．连续45°左右

46．下图的主导风向是（　　　）。

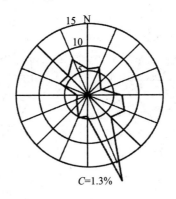

A．ESE　　　　　　B．SSE　　　　　　C．SE　　　　　　D．不能确定

47．某区域主导风向角风频之和应（　　　）才可视为有明显主导风向。

A．≥30%　　　　　　B．≥40%　　　　　C．≥45%　　　　　D．≥60%

48．某地年均风玫瑰图，有一风向角为292.5°，其具体的风向是（　　　）。

A．NNE　　　　　　B．ESE　　　　　　C．NNW　　　　　　D．WNW

49．非点源（面源）调查基本上采用（　　　）的方法。

A．实测

B．搜集资料

C．引用历史数据

D．委托监测

50．（　　　）能代表建设项目将来排水的水质特征。

A．常规水质因子

B．特殊水质因子

C．底质因子

D．其他方面因子

51．一般情况，水文调查与水文测量在（　　　）进行，必要时，其他时期可进行补充调查。

A．丰水期　　　　B．平水期　　　　C．枯水期　　　　D．冰封期

52．与水质调查同步进行的水文测量，原则上只在（　　　）进行。

A．两个时期内　　B．一个时期内　　C．丰水期　　　　D．平水期

53．水文测量的测点一般应（　　　）水质调查的取样位置（或断面）。

A．少于　　　　　B．等于或少于　　C．等于或多于　　D．多于

54．对于河流二级评价，一般情况下应调查（　　　）。

A．丰水期、枯水期和平水期

B．平水期和枯水期

C．丰水期和枯水期

D．枯水期

55．产生河流紊动混合的主要因素是（　　　）。

A．风力　　　　　B．温度差异　　　C．密度差异　　　D．水力坡度

56．径流系数是指（　　　）。

A．某一时段内径流深与相应降雨深的比值

B．流域出口断面流量与流域面积的比值

C．径流总量平铺在全流域面积上的水层厚度

D．在 T 时段内通过河流某一断面的总水量

57．下列哪个公式是径流模数的计算公式？（　　　）

A．$Y = \dfrac{QT}{1\,000F}$　　　B．$W = QT$　　　C．$M = \dfrac{1\,000Q}{F}$　　　D．$M = C\sqrt{Ri}$

58．公式 $v = C\sqrt{Ri}$，$Q = v \cdot A$ 是下列（　　　）水体的方程式。

A．感潮河流

B．非感潮，恒定均匀河流

C．非感潮，非恒定均匀河流

D．人工水库

59．河口与一般河流最显著的区别是（　　　）。

A．河口的河宽较大

B．河口的流速较慢

C．河口受到潮汐的影响

D．河口的流量较小

60．陆架浅水区是指位于大陆架上水深（　　　）以下，海底坡度不大的沿岸海域，是大洋与大陆之间的连接部。

　　A．100 m　　　　B．150 m　　　　C．50 m　　　　D．200 m

61．通过湖泊、水库水替换的次数指标 α 和 β 经验性标准来判别水温是否分层，当（　　）时，一般情况下可认为湖泊、水库为稳定分层型。

　　A．$\alpha<10$，$\beta<20$　　B．$\alpha<10$　　C．$\alpha<20$，$\beta<10$　　D．$\beta>0$

62．对于非感潮河道，且在（　　），河道均匀，流动可视为恒定均匀流。

　　A．丰水期　　　　　　　　　　　　B．丰水期或平水期

　　C．平水期或枯水期　　　　　　　　D．枯水期

63．一般容积大、水深深的湖泊，通常水温的垂向分布有三个层次，上层、中间层（温跃层）和下层，其中溶解氧浓度最高的是（　　）。

　　A．上层　　　　　　　　　　　　　B．中间层

　　C．下层　　　　　　　　　　　　　D．三层溶解氧浓度均接近

64．河口与一般河流相比，最显著的区别是（　　）。

　　A．是大洋与大陆之间的连接部　　　B．受潮汐影响大

　　C．有比较明确的形态　　　　　　　D．容量大，不易受外界影响

65．水质评价方法通常采用单因子指数评价法，推荐采用（　　）。

　　A．算术平均法　　B．幂指数法　　C．加权平均法　　D．标准指数法

66．气温为 23℃时，某河段溶解氧浓度为 4.5 mg/L，已知该河段属于 Ⅱ 类水体，如采用单项指数法评价，其指数为（　　）。（根据 GB 3838—2002，Ⅱ 类水体溶解氧标准为 ≥6 mg/L）

　　A．0.75　　　　　B．1.33　　　　　C．1.58　　　　　D．3.25

67．气温为 23℃时，某河段溶解氧质量浓度为 6.5 mg/L，已知该河段属于Ⅲ类水体，如采用单项指数法评价，其指数为（　　）。（根据 GB 3838—2002，Ⅲ 类水体溶解氧标准为 ≥5.0 mg/L）

　　A．0.58　　　　　B．0.77　　　　　C．1.25　　　　　D．3.1

68．某水样 pH 为 13，如采用单项指数法评价，其指数为（　　）。

　　A．1.86　　　　　B．3.00　　　　　C．3.50　　　　　D．2.25

69．某水样 pH 为 6.5，如采用单项指数法评价，其指数为（　　）。

　　A．0.5　　　　　B．0.93　　　　　C．0.2　　　　　D．1.08

70．某水域经几次监测 COD_{Cr} 的质量浓度为：16.9 mg/L、19.8 mg/L、17.9 mg/L、21.5 mg/L、14.2 mg/L，用内梅罗法计算 COD_{Cr} 的统计质量浓度值是（　　）mg/L。

　　A．18.1　　　　　B．21.5　　　　　C．19.9　　　　　D．19.4

71．某水域经 5 次监测溶解氧的质量浓度为：5.6 mg/L、6.1 mg/L、4.5 mg/L、4.8 mg/L、5.8 mg/L，用内梅罗法计算溶解氧的统计质量浓度值是（　　）mg/L。

　　A．5.36　　　　　B．4.95　　　　　C．5.12　　　　　D．5.74

72．某Ⅲ类水 BOD_5 实测质量浓度代表值是 4 mg/L，Ⅲ类水域的标准值是 4 mg/L，该水质因子是否达标？（　　　）

　　A．达标　　　　　B．不达标　　　　C．不一定　　　　D．条件不足

73．通常，用来反映岩土透水性能的指标是（　　　）。

　　A．渗流速度　　　　　　　　　　B．渗透系数

　　C．有效孔隙度　　　　　　　　　D．水力梯度

74．渗透系数的单位是（　　　）。

　　A．无量纲　　　B．m/s　　　　　C．m/d　　　　　D．m^2/d

75．饱水岩石在重力作用下释出的水的体积与岩石体积之比，称（　　　）。

　　A．持水度　　　B．给水度　　　　C．容水度　　　　D．孔隙度

76．为了说明大气降水对地下水的补给情况，通常用（　　　）来度量。

　　A．地下水均衡值　　　　　　　　B．径流模数

　　C．入渗系数　　　　　　　　　　D．下渗系数

77．为了说明地下水的含水层的径流强度，通常用（　　　）来度量。

　　A．地下水均衡值　　　　　　　　B．径流模数

　　C．入渗系数　　　　　　　　　　D．平均渗透流速

78．根据（　　　），将地下水分为包气带水、潜水和承压水。

　　A．埋藏条件　　　　　　　　　　B．来源

　　C．受引力作用的条件　　　　　　D．含水空隙的类型

79．充满于两个隔水层之间的含水层中的重力水，称为（　　　）。

　　A．包气带水　　　B．潜水　　　　C．承压水　　　　D．岩溶水

80．埋藏在地表以下、第一层较稳定的隔水层以上、具有自由水面的重力水，称为（　　　）。

　　A．包气带水　　　B．潜水　　　　C．承压水　　　　D．岩溶水

81．地下水最主要的补给来源是（　　　）。

　　A．降水入渗补给　　　　　　　　B．地表水补给

　　C．人工补给　　　　　　　　　　D．含水层补给

82．（　　　）会引起地下水的矿化度比较高。

　　A．泉排泄　　　B．蒸发排泄　　　C．泄流排泄　　　D．人工排泄

83．潜水与承压水的差别在于潜水（　　　）。

　　A．为重力驱动　　　　　　　　　B．上有隔水层

　　C．下有隔水层　　　　　　　　　D．具有自由水面

84．降雨产流过程中的地下水入渗方式是（　　　）。

　　A．水动力弥散　　　　　　　　　B．淋溶

C．稳定渗流　　　　　　　　　　D．非饱和渗流

85．据《环境影响评价技术导则—地下水环境》，地下水水质现状评价应采用（　　　）进行评价。

A．标准指数法　　　　　　　　　B．综合指数法

C．回归分析法　　　　　　　　　D．趋势外推法

86．某声音的声压为 0.02 Pa，其声压级为（　　　）dB。

A．20　　　　　B．40　　　　　C．60　　　　　D．80

87．强度为 80 dB 的噪声，其相应的声压为（　　　）。

A．0.1 Pa　　　B．0.2 Pa　　　C．0.4 Pa　　　D．20 Pa

88．测量机场噪声通常采用（　　　）。

A．等效连续 A 声级　　　　　　　B．最大 A 声级及持续时间

C．倍频带声压级　　　　　　　　D．计权等效连续感觉噪声级

89．统计噪声级 L_{10} 表示（　　　）。

A．取样时间内 10%的时间超过的噪声级，相当于噪声平均峰值

B．取样时间内 90%的时间超过的噪声级，相当于噪声平均底值

C．取样时间内 90%的时间超过的噪声级，相当于噪声平均峰值

D．取样时间内 10%的时间超过的噪声级，相当于噪声平均底值

90．等效连续 A 声级是将某一段时间内暴露的不同 A 声级的变化用（　　　）计算得到的。

A．算术平均方法　　　　　　　　B．加权平均方法

C．几何平均方法　　　　　　　　D．能量平均方法

91．等效连续 A 声级用符号（　　　）表示。

A．L_{dn}　　　B．L_{WA}　　　C．L_{eq}　　　D．WECPNL

92．在环境噪声评价量中符号"WECPNL"表示（　　　）。

A．A 计权声功率级　　　　　　　B．声功率级

C．计权等效连续感觉噪声级　　　D．等效连续 A 声级

93．在声场内的一定点位上，将某一段时间内连续暴露不同 A 声级变化，用能量平均的方法以 A 声级表示该段时间内的噪声大小，这个声级称为（　　　）。

A．倍频带声压级　　　　　　　　B．昼夜等效声级

C．A 声功率级　　　　　　　　　D．等效连续 A 声级

94．机场周围区域有飞机低空飞越时，其噪声环境影响的评价量为（　　　）。

A．L_{dn}　　　　　　　　　　　B．L_{max}

C．L_{WECPN}　　　　　　　　　D．L_{eq}

95．某建设所在区域声环境功能区为 1 类，昼间环境噪声限值为 55 dB(A)，夜

间环境噪声限值为 45 dB(A)，则该区域夜间突发噪声的评价量为（　　　）。

　　A．≤45 dB(A)　　　　　　　　　　B．≤55 dB(A)

　　C．≤50 dB(A)　　　　　　　　　　D．≤60 dB(A)

　　96．在什么情况下，评价范围内可选择有代表性的区域布设测点？（　　　）

　　A．没有明显的声源，且声级较低时

　　B．有明显的声源，对敏感目标的声环境质量影响不明显时

　　C．有明显的声源，对敏感目标的声环境质量影响明显时

　　D．没有明显的声源，且声级较高时

　　97．声环境监测布点时，当敏感目标（　　　）时，应选取有代表性的不同楼层设置测点。

　　A．高于（不含）三层建筑　　　　　B．高于（含）三层建筑

　　C．高于（含）二层建筑　　　　　　D．高于（含）四层建筑

　　98．声环境现状监测布点应（　　　）评价范围。

　　A．大于　　　　　B．小于　　　　　C．覆盖　　　　　D．略大于

　　99．对于改、扩建机场工程，声环境现状监测点一般布设在（　　　）处。

　　A．机场场界　　　　　　　　　　　B．机场跑道

　　C．机场航迹线　　　　　　　　　　D．主要敏感目标

　　100．对于单条跑道改、扩建机场工程，测点数量可分别布设（　　　）个飞机噪声测点。

　　A．1～2　　　　　B．3～9　　　　　C．9～14　　　　　D．12～18

　　101．对于两条跑道改、扩建机场工程，测点数量可分别布设（　　　）个飞机噪声测点。

　　A．1～3　　　　　B．9～14　　　　　C．12～18　　　　　D．3～9

　　102．对于三条跑道改、扩建机场工程，测点数量可分别布设（　　　）个飞机噪声测点。

　　A．1～4　　　　　B．9～14　　　　　C．3～9　　　　　D．12～18

　　103．现有车间的噪声现状调查，重点为处于（　　　）以上的噪声源分布及声级分析。

　　A．80 dB(A)　　　　B．85 dB(A)　　　　C．90 dB(A)　　　　D．75 dB(A)

　　104．厂区内噪声水平调查一般采用（　　　）。

　　A．极坐标法　　　　　　　　　　　B．功能区法

　　C．网格法　　　　　　　　　　　　D．等声级线法

　　105．厂区噪声水平调查测量点布置在厂界外（　　　）处，间隔可以为 50～100 m，大型项目也可以取 100～300 m。

　　A．3 m　　　　　　B．2 m　　　　　　C．1 m　　　　　　D．0.5 m

106．公路、铁路等线路型工程，其噪声现状水平调查应重点关注（　　）。

　　A．沿线的环境噪声敏感目标　　　　　B．城镇的环境噪声敏感目标

　　C．施工期声源　　　　　　　　　　　D．乡村的环境噪声敏感目标

107．公路、铁路等线路型工程，其环境噪声现状水平调查一般测量（　　）。

　　A．A 计权声功率级　　　　　　　　　B．声功率级

　　C．等效连续感觉噪声级　　　　　　　D．等效连续 A 声级

108．据《环境影响评价技术导则—生态影响》，当涉及区域范围较大或主导生态因子的空间等级尺度较大，通过人力踏勘较为困难或难以完成评价时，生态现状调查可采用（　　）。

　　A．生态监测法　　B．现场勘查法　　C．遥感调查法　　D．资料收集法

109．据《环境影响评价技术导则—生态影响》，当项目可能产生潜在的或长期累积效应时，生态现状调查可考虑选用（　　）。

　　A．生态监测法　　B．现场勘查法　　C．遥感调查法　　D．资料收集法

110．解决生态调查和评价中高度专业化的问题和疑难问题，最好采用（　　）法。

　　A．定位或半定位观测　　　　　　　　B．遥感技术

　　C．访问专家　　　　　　　　　　　　D．野外调查

111．对掌握候鸟迁徙的规律、变化，在下列生态调查方法中最好采用（　　）法。

　　A．野外调查　　　　　　　　　　　　B．遥感技术

　　C．访问专家　　　　　　　　　　　　D．定位或半定位观测

112．某区域植物样本调查中，某一植物个体数量占样地面积的比例，可以说明该植物的（　　）。

　　A．数量　　　　　B．优势度　　　　　C．频度　　　　　D．密度

113．一个样本的样地数占样地总数的比值是（　　）。

　　A．频度　　　　　　　B．密度　　　　　　C．优势度

114．用放射性追踪法对植物夜间的光合作用进行追踪，一般选用（　　）元素。

　　A．^2O　　　　　B．^2H　　　　　C．^2N　　　　　D．^{14}C

115．反映地面生态学特征的植被指数 NDVI 是指（　　）。

　　A．比值植被指数　　　　　　　　　　B．农业植被指数

　　C．归一化差异植被指数　　　　　　　D．多时相植被指数

116．植被现状调查时，一般草本、灌木林、乔木林样方面积应分别不小于（　　）。

　　A．1 m²、5 m²、50 m²　　　　　　　B．1 m²、10 m²、50 m²

C. $1 m^2$、$10 m^2$、$100 m^2$　　　　　　　D. $1 m^2$、$5 m^2$、$100 m^2$

117. 某个植被样方调查面积为 $10 m^2$，调查结果如下表。样方中物种乙的密度、相对密度分别为（　　）。

物种	个体数	覆盖面积/m^2
甲	2	2
乙	2	3
丙	1	1

　　A. 0.2 个/m^2、40%　　　　　　　　B. 0.2 个/m^2、50%
　　C. 0.3 个/m^2、40%　　　　　　　　D. 0.3 个/m^2、50%

118. 生态系统质量评价 EQ 为 60 时，生态系统属于（　　　）。

　　A. Ⅰ级　　　　　　B. Ⅱ级　　　　　　C. Ⅲ级　　　　D. Ⅳ级

119. 如果某地生物生产量为 2.6 t/（$hm^2·a$），其荒漠化程度属于（　　　）。

　　A. 潜在的荒漠化　　　　　　　　　B. 正在发展的荒漠化
　　C. 强烈发展的荒漠化　　　　　　　D. 严重荒漠化

120. 如果某地生物生产量为 0.9 t/（$hm^2·a$），其荒漠化程度属于（　　　）。

　　A. 潜在的荒漠化　　　　　　　　　B. 正在发展的荒漠化
　　C. 强烈发展的荒漠化　　　　　　　D. 严重荒漠化

121. 进行植物样方调查时，草本、灌木和乔木的样地大小分别为（　　　）。（单位：m^2）

　　A. ≥10，≥100，≥1 000　　　　　　B. ≥1，≥5，≥10
　　C. ≥100，≥500，≥1 000　　　　　　D. ≥1，≥10，≥100

122. 植被中物种的重要值的表示方法是（　　　）。

　　A. 相对密度、相对优势度和相对频度之和　　B. 优势度
　　C. 密度、优势度和频度之和　　　　　　　　D. 相对优势度和相对频度之和

123. 陆地生态系统生产能力的估测是通过对自然植被（　　　）的估测来完成。

　　A. 净第一性生产力　　　　　　　　B. 总初级生产量
　　C. 净初级生产量　　　　　　　　　D. 呼吸量

124. 样地调查收割法是实测（　　　）。

　　A. 生产量　　　　　　　　　　　　B. 生长量
　　C. 生物量　　　　　　　　　　　　D. 净第一性生产力

125. 一定地段面积内某个时期生存着的活动有机体的重量是指（　　　）。

　　A. 物种量　　　　B. 生长量　　　　C. 生物生产力　　　D. 生物量

126. 在植物样方调查时，首先要确定样方面积大小，对于森林而言，其样方面

积不应小于（　　　）。

A．1 m² 　　　　　　B．10 m² 　　　　　C．100 m² 　　　　D．200 m²

127．采用样地调查收割法实测植物生物量时，草本群落或森林草本层样地面积一般选用（　　　）。

A．1 m² 　　　　　　B．10 m² 　　　　　C．100 m² 　　　　D．500 m²

128．香农-威纳指数（Shannon-Weiner Index）是物种多样性调查最常用的方法，其计算公式为（　　　）（注：P_i 为属于第 i 物种在全部采样中的比例，S 是物种数，N 是总个体数）。

A． $H' = -\sum_{i=1}^{s}\left(P_i \Big/ \ln P_i \right)$
　　　　　　　　　　B． $H' = (S-1)/\ln N$

C． $H' = -\sum_{i=1}^{s}(S_i)(\ln N_i)$
　　　　　　　　　　D． $H' = -\sum_{i=1}^{s}(P_i)(\ln P_i)$

129．在植物样方调查时，首先要确定样方面积大小，对于一般草本而言，其样方面积不应小于（　　　）。

A．1 m² 　　　　　　B．10 m² 　　　　　C．100 m² 　　　　D．200 m²

130．在植物样方调查时，首先要确定样方面积大小，对于灌木林样，其样方面积不应小于（　　　）。

A．1 m² 　　　　　　B．10 m² 　　　　　C．100 m² 　　　　D．200 m²

131．在用黑白瓶法测定水生生物初级生产量的方法中，总初级生产量的计算公式是（　　　）。

A．LB－IB 　　　　B．DB－IB 　　　　C．IB－DB 　　　　D．LB－DB

132．某水生生态系统调查时，采用黑白瓶法测定初级生物量。初始瓶 IB=5.0 mg/L，黑瓶 DB=3.5 mg/L，白瓶 LB=9 mg/L，则净初级生物量和总初级生物量分别为（　　　）。

A．5.5 mg/L，4 mg/L 　　　　　　　　B．4 mg/L，5.5 mg/L

C．1.5 mg/L，4 mg/L 　　　　　　　　D．1.5 mg/L，5.5 mg/L

133．用边长 50 cm 的正方形带网铁镊采集某湖泊植物样品，样方平均高等植物鲜重生物量 75 g（无滴水时的鲜重），则湖泊中高等植物群落平均鲜重生物量为（　　　）。

A．300 g/m² 　　　　B．150 g/m² 　　　　C．225 g/m² 　　　　D．75 g/m²

134．水生生物方面主要调查（　　　）。

A．大肠杆菌

B．病毒、细菌

C. 浮游动植物、藻类、底栖无脊椎动物的种类和数量以及水生生物群落结构

D. 浮游动植物、原生动物和后生动物

135. 在利用"3S"技术进行生态环境现状调查时，目前提出的植被指数很多，应用最广泛的是（　　　）。

A. MTVI　　　　　B. RVI　　　　　C. NDVI　　　　　D. AVI

136. 美国陆地资源卫星 TM 影像，包括（　　　）波段，每个波段的信息反映了不同的生态学特点。

A. 5 个　　　　　B. 7 个　　　　　C. 8 个　　　　　D. 9 个

137. 利用 GPS 系统进行定位时，需要接收至少（　　　）卫星的信号。

A. 3 颗　　　　　B. 4 颗　　　　　C. 5 颗　　　　　D. 24 颗

138. GPS 系统的卫星星座子系统，由（　　　）卫星组成。

A. 10 颗　　　　　B. 21 颗　　　　　C. 24 颗　　　　　D. 36 颗

139. 遥感可为生态环境现状调查提供大量的信息，通过卫星影响不同波段信息组合形成各种类型的植被指数，较好地反映某些地面生态学特征，以下哪种指数常被用于进行区域和全球的植被状况研究？（　　　）

A. 比值植被指数 RVI　　　　　　　　B. 农业植被指数 AVI

C. 归一化差异植被指数 NDVI　　　　D. 多时相植被指数 MTVI

140.（　　　）基于景观是高于生态系统的自然系统，是一个清晰的和可度量的单位。

A. 空间结构分析　　　　　　　　B. 景观模地分析

C. 景观廊道分析　　　　　　　　D. 功能与稳定性分析

二、不定项选择题（每题的备选项中至少有一个符合题意）

1. 自然环境调查时，下列哪些情况属地质状况？（　　　）

A. 坍塌　　　　B. 断层　　　　C. 岩溶地貌　　　　D. 行政区位置

2. 对于新建项目，大气污染源调查与分析可通过（　　　）确定。

A. 类比调查　　　　　　　　B. 物料衡算

C. 实际监测　　　　　　　　D. 设计资料

3. 对于分期实施的工程项目，大气污染源调查与分析可利用前期工程最近 5 年内的（　　　）确定。

A. 验收监测资料　　　　　　　　B. 年度例行监测资料

C. 实测　　　　　　　　　　　　D. 物料衡算

4. 大气环境一级评价项目现状监测，监测期间布点方法除按《导则》规定布点外，也可根据（　　　）做适当调整。

  A．局地地形条件   B．风频分布特征

  C．环境功能区   D．环境空气保护目标所在方位

5．大气环境各级评价项目的现状监测，监测期间布点方法除按《导则》规定布点外，可根据（   ）做适当调整。

  A．环境空气保护目标所在方位   B．环境功能区

  C．风频分布特征   D．局地地形条件

  E．不同等级要求不同

6．下列关于大气环境现状监测布点方法的叙述，说法正确有（   ）。

  A．城市道路评价项目，监测点的布设应结合敏感点的垂直空间分布进行设置

  B．三级评价项目如果评价范围内已有例行监测点可不再安排监测

  C．一级评价项目各监测期环境空气敏感区的监测点位置应重合

  D．二级评价项目如需要进行 2 期监测，应与一级评价项目相同，根据各监测期所处季节主导风向调整监测点位

  E．各级评价项目的各个监测点都要有代表性，环境监测值应能反映各环境敏感区域、各环境功能区的环境质量，以及预计受项目影响的高浓度区的环境质量

7．下列关于大气环境现状监测点位置的周边环境条件的叙述，说法正确有（   ）。

  A．监测点周围应有 270°采样捕集空间，空气流动不受任何影响

  B．避开局地污染源的影响，原则上 30 m 范围内应没有局地排放源

  C．避开树木和吸附力较强的建筑物，一般在 15～20 m 范围内没有绿色乔木、灌木等

  D．监测点周围空间应开阔，采样口水平线与周围建筑物的高度夹角小于 30°

  E．避开局地污染源的影响，原则上 20 m 范围内应没有局地排放源

8．城市主干道项目大气 NO_2 质量现状监测布点时应考虑（   ）。

  A．主导风向   B．道路布局

  C．环境空气保护目标   D．道路两侧敏感点高度

9．大气环境质量现状监测结果统计分析的内容包括（   ）。

  A．给出各监测点大气污染物的不同取值时间的浓度变化范围

  B．计算并列表给出各取值时间平均浓度值占相应标准浓度限值的百分比和超标率，并评价达标情况

  C．分析大气污染物浓度的日变化规律以及大气污染物浓度与地面风向、风速等气象因素及污染源排放的关系

  D．分析重污染时间分布情况及其影响因素

10. 关于补充地面气象观测要求的叙述，说法正确的有（   ）。

A．一级评价的补充观测应进行为期半年的连续观测

B．二级评价的补充观测可选择有代表性的季节进行连续观测，观测期限应在2 个月以上

C．补充地面气象观测数据可作为当地长期气象条件参与大气环境影响预测

D．在评价范围内设立地面气象站，站点设置应符合相关地面气象观测规范的要求

11. 补充地面气象观测的前提条件是（   ）。

A．地面气象观测站与项目的距离超过 50 km

B．地面气象观测站与项目的距离超过 25 km

C．地面站与评价范围的地理特征不一致

D．地面站与评价范围的地形不一致

12. 云量"8/4"表达的意思是（   ）。

A．总云量 8，低云量 4　　　　B．总云量 8，中云量 4

C．低云量 8，总云量 4　　　　D．总云量占天空的 8/10，低云量占天空的 4/10

13. 总云量、低云量会影响下列（   ）参数。

A．地面热效应　　　B．混合层高度　　　C．风向频率　　　D．大气稳定度

14. 温度资料应分析的内容包括（   ）。

A．一级评价项目分析逆温层出现的频率

B．统计年平均温度的月变化

C．二级评价项目分析逆温层出现的频率

D．绘制年平均温度月变化曲线图

E．一级评价项目分析逆温层的平均高度范围和强度

15. 大气各级评价项目风速资料应分析的内容包括（   ）。

A．年平均风速的月变化

B．绘制平均风速的月变化曲线图和月小时平均风速的日变化曲线图

C．季小时平均风速的日变化

D．绘制平均风速的月变化曲线图和季小时平均风速的日变化曲线图

E．分析不同时间段大气边界层内的风速变化规律

16. 对于大气一级评价项目，风速资料应分析的内容包括（   ）。

A．年平均风速的月变化

B．平均风速的月变化曲线图

C．季小时平均风速的日变化

D．季小时平均风速的日变化曲线图

E. 分析不同时间段大气边界层内的风速变化规律

17. 风频资料应分析的内容包括（　　　　）。

　　A. 年均风频的月变化　　　　　　　　B. 年均风频的季变化

　　C. 年均风频　　　　　　　　　　　　D. 年均风频的日变化

18. 下列哪些区域可视为有明显主导风向？（　　　　）

　　A. 主导风向角风频之和为 32%　　　　B. 主导风向角风频之和为 30%

　　C. 主导风向角风频之和为 25%　　　　D. 主导风向角风频之和为 41%

19. 关于风向玫瑰图，应包括的内容有（　　　　）。

　　A. 绘制各季风向玫瑰图

　　B. 静风频率单独统计

　　C. 绘制年平均风速玫瑰图

　　D. 在极坐标中按各风向标出其频率的大小

　　E. 应同时附当地气象台站 20 年以上气候统计资料的统计结果

20. 对风玫瑰图下列说法正确的是（　　　　）。

　　A. 图中矢径长度代表风向频率　　B. 风玫瑰图随高度而改变

　　C. 风玫瑰图随高度不变　　　　　D. 一般为地面 10 m 处的风玫瑰图

21. 风向玫瑰图可以表示下列（　　　　）参数。

　　A. 静风率　　　B. 风向频率　　　　C. 主导风向　　　　D. 风速

22. 某区域长期地面气象资料统计的以 16 个方位角表示的最大风向频率为 8%，说明该区域（　　　　）。

　　A. 主导风向明显　　　　　　　　　B. 主导风向不明显

　　C. 没有主导风向　　　　　　　　　D. 主导风向频率为 8%

23. 在水环境现状调查中，点源调查的内容有（　　　　）。

　　A. 排放特点　　　　　　　　　　　B. 排放数据

　　C. 用排水状况　　　　　　　　　　D. 废水、污水处理状况

　　E. 能耗状况

24. 以下属于常规水质因子的有（　　　　）。

　　A. pH、BOD、COD　　　　　　　　B. DO、NH_3-N、SS

　　C. 砷、汞、铬（六价）　　　　　　D. 酚、氰化物

　　E. 总磷、水温

25. 黑色冶炼、有色金属矿山及冶炼的特征污染物有（　　　　）。

　　A. pH、BOD、COD　　　　　　　　B. 氟化物、氰化物、硫化物

　　C. 砷、铅　　　　　　　　　　　　D. 石油类、挥发性酚

　　E. 磷、氨氮

26. 河流水文调查与水文测量的内容应根据（　　　）决定。

 A. 区域自然环境调查　　　　　　　　B. 评价等级

 C. 区域资源与社会经济状况　　　　　D. 河流的规模

27. 下列属于珠江下游河流水文调查与水文测量内容的是（　　　）。

 A. 感潮河段的范围　　　　　　　　　B. 水位、水深、河宽、流量、流速

 C. 河流平直及弯曲情况、纵断面　　　D. 水温、糙率及泥沙含量

 E. 丰水期、平水期、枯水期的划分

28. 下列属于感潮河口的水文调查与水文测量内容的是（　　　）。

 A. 涨潮、落潮及平潮时的水位、水深、流向、流速及其分布

 B. 涨潮、落潮及平潮时的横断面、水面坡度

 C. 水温、波浪的情况

 D. 涨潮、落潮及平潮时的流量

 E. 潮间隙、潮差、历时

29. 下列属于湖泊水库水文调查与水文测量内容的是（　　　）。

 A. 湖泊水库的平面图

 B. 流入流出的水量

 C. 湖泊水库的水深，水温分层情况及水流状况

 D. 水量的调度和贮量

 E. 丰水期、平水期、枯水期的划分

30. 下列属于海湾水文调查与水文测量内容的是（　　　）。

 A. 潮流状况、水温波浪的情况

 B. 海岸形状，海底地形，潮位及水深变化

 C. 流入的河水流量造成的盐度和温度分层情况

 D. 内海水与外海水的交换周期

 E. 丰水期、平水期、枯水期的划分

31. 水力滞留时间是（　　　）水文调查应获取的重要参数。

 A. 河流　　　　　B. 水库　　　　　C. 海湾　　　　　D. 湖泊

32. 在已知河流设计枯水流量条件下，确定断面平均流速的可选方法有（　　　）。

 A. 水位与流量、断面面积关系曲线法　　B. 水力学公式法

 C. 浮标测流法　　　　　　　　　　　　D. 实测河宽、水深计算法

33. 北方河流水文调查需要了解（　　　）等状况。

 A. 结冰　　　　　B. 封冻　　　　　C. 解冻　　　　　D. 断流

34. 城市非点源负荷调查主要包括（　　　）。

 A. 初期暴雨径流量　　　　　　　　　B. 初期暴雨径流污染物浓度

C．雨水径流特点　　　　　　　　　D．设计枯水流量

35．对于山地、草原、农业，非点源调查主要包括（　　　）。

A．农药施用量　　　　　　　　　　B．化肥流失量

C．化肥施用量　　　　　　　　　　D．生物多样性

E．化肥流失规律

36．关于径流深度 Y 的定义，说法正确的是（　　　）。

A．指流域出口断面流量与流域面积的比值

B．指将径流总量平铺在全流域面积上的水层厚度

C．$Y = \dfrac{QT}{1\,000\,F}$　　　　　　　　D．$Y = \dfrac{1\,000\,Q}{F}$

37．感潮河口的水文调查除与河流相同的内容外，还有（　　　）。

A．感潮河段的范围　　　　　　　　B．横断面的形状与水面坡度

C．河潮间隙、潮差和历时　　　　　D．水温分层情况

E．涨潮、落潮及平潮时的水位、水深

38．在天然河流中，常用（　　　）来描述河流的混合特性。

A．谢才系数　　　　　　　　　　　B．紊动通量

C．横向混合系数　　　　　　　　　D．纵向离散系数

39．可用来判断湖泊、水库水温是否分层的方法是（　　　）。

A．α＝年总入流量/湖泊、水库总容积

B．β＝一次洪水总量/湖泊、水库总容积

C．湖泊、水库的平均水深

D．湖泊、水库的总径流量

40．下列度量单位常用来表示河川径流规律的是（　　　）。

A．径流系数　　　　　　　　　　　B．径流深

C．径流模数　　　　　　　　　　　D．径流总量

E．流量

41．按地下水的赋存介质，可分为（　　　）。

A．孔隙水　　B．裂隙水　　C．潜水　　　　D．承压水　　E．岩溶水

42．按地下水的埋藏条件，可分为（　　　）。

A．孔隙水　　B．包气带水　C．潜水　　　D．承压水　　E．岩溶水

43．地下水的补给来源有（　　　）。

A．大气降水　　　　　　B．地表水　　　　　　C．凝结水

D．其他含水层的水　　　E．蒸发水

44．地下水的渗透系数与（　　　）因素有关。

A. 孔隙类型　　　　　　　　　　　B. 孔隙大小

C. 降水量　　　　　　　　　　　　D. 水的动力黏滞系数

E. 给水度

45. 含水层的构成由多种因素决定，应具备（　　　）。

A. 具有良好的排泄条件　　　　　　B. 要有储藏地下水的地质构造条件

C. 具有良好的补给来源　　　　　　D. 要有储水空间

46. 属于包气带水的类型有（　　　）。

A. 土壤水　　　　　B. 沼泽水　　　　　C. 上层滞水　　　　　D. 岩溶水

47. 下列（　　　）属潜水特征。

A. 有较稳定的隔水层　　　　　　　B. 具有自由水面

C. 潜水面随时间变化而变化　　　　D. 潜水水质易受污染

48. 地下水的补给按来源的不同可分为（　　　）。

A. 降水入渗补给　　　　　　　　　B. 地表水补给

C. 凝结水补给　　　　　　　　　　D. 含水层补给

E. 人工补给

49. 地下水两个含水层之间的补给需要（　　　）。

A. 降水量充足　　　　　　　　　　B. 两个含水层具有水头差

C. 含水层附近有地表水体　　　　　D. 含水层之间具有水力联系通道

50. 地下水两个含水层之间可以通过（　　　）补给。

A. 天窗　　　　　　　　　　　　　B. 导水断裂

C. 弱透水层越流　　　　　　　　　D. 不整合接触面

51. 下列关于地下水的径流强度，说法正确的有（　　　）。

A. 径流强度与含水层的透水性成正比

B. 径流强度与补水区与排泄区之间的水力坡度成正比

C. 承压水的径流强度与蓄水构造的开启与封闭程度有关

D. 地下径流强度在垂直方向上，从地表向下逐渐减弱

52. 地下水的排泄，有（　　　）。

A. 泉排泄　　　　　　　　　　　　B. 蒸发排泄

C. 泄流排泄　　　　　D. 人工排泄　　　　　E. 向含水层排泄

53. 一般从地下水等水位线图中可获取的信息有（　　　）。

A. 地下水流向　　　　　　　　　　B. 潜水与地表水的关系

C. 潜水的埋藏深度　　　　　　　　D. 泉或沼泽的位置

E. 富水带的位置

54. 一般从水文地质柱状图中可获取的信息有（　　　）。

  A. 潜水水位 　　　　　　　　　B. 含水层厚度

  C. 包气带岩性 　　　　　　　　D. 含水层之间的补给关系

55. 岩土对污染物的机械过滤作用主要取决于（　　　　）。

  A. 岩土层厚度 　　　　　　　　　B. 岩土的孔隙直径

  C. 岩土颗粒的粒径和排列 　　　　D. 污染物颗粒的粒径

56. 反映包气带防护性能的参数包括包气带（　　　　）。

  A. 岩性 　　　　B. 厚度 　　　　C. 渗透性 　　　　D. 贮水系数

57. 地下水水质现状调查应了解和查明地下水中（　　　　）。

  A. 过高或过低物质的时空分布 　　B. 主要污染物及其分布特征

  C. 过高或过低物质的成分、含量 　D. 过高或过低物质的形成原因

58. 地下水水质现状调查的方法有（　　　　）。

  A. 勘探试验 　　　　　　　　　　B. 搜集利用现有资料

  C. 现场调查 　　　　　　　　　　D. 物料衡算法

59. 地下水水文地质试验方法有（　　　　）。

  A. 抽水试验 　　　　　　　　　　B. 注水试验

  C. 渗水试验 　　　　D. 淋溶试验 　　　　E. 浸泡试验

60. 包气带防污染性能与下列哪些因素有关。（　　　　）

  A. 包气带的地质条件 　　　　　　B. 包气带的水文地质条件

  C. 污染物特性 　　　　　　　　　D. 包气带与承压水的关系

61. 据《环境影响评价技术导则—地下水环境》，环境水文地质勘察与试验是在充分收集已有相关资料和地下水环境现状调查的基础上，针对（　　　　）而进行的工作。

  A. 为了获取包气带的物理属性

  B. 某些需要进一步查明的环境水文地质问题

  C. 为获取预测评价中必要的水文地质参数

  D. 为获取现状评价中必要的水文地质参数

62. 据《环境影响评价技术导则—地下水环境》，关于环境水文地质勘察的说法，正确的是（　　　　）。

  A. 一级评价应进行环境水文地质勘察与试验

  B. 环境水文地质条件复杂而又缺少资料的地区，二级评价应在区域水文地质调查的基础上对评价区进行必要的水文地质勘察

  C. 环境水文地质条件复杂而又缺少资料的地区，三级评价应在区域水文地质调查的基础上对评价区进行必要的水文地质勘察

  D. 环境水文地质勘察可采用钻探、物探和水土化学分析以及室内外测试、试

验等手段

63．据《环境影响评价技术导则—地下水环境》，环境水文地质问题调查的主要内容包括（　　）。

　　A．原生环境水文地质问题

　　B．地下水开采过程中水质、水量、水位的变化情况，以及引起的环境水文地质问题

　　C．次生环境地质问题

　　D．与地下水有关的其他人类活动情况调查

64．据《环境影响评价技术导则—地下水环境》，根据地下水现状监测结果应进行（　　）的分析。

　　A．标准差　　　　　　　　　　B．最大值、最小值、均值

　　C．检出率　　　　　　　　　　D．超标率、超标倍数

65．据《环境影响评价技术导则—地下水环境》，关于地下水水质现状评价的说法正确的是（　　）。

　　A．地下水水质现状评价应采用标准指数法进行评价

　　B．标准指数>1，表明该水质因子已超过了规定的水质标准

　　C．标准指数≥1，表明该水质因子已超过了规定的水质标准

　　D．地下水水质现状评价可采用南京综合指数法进行评价

66．某建设所在区域声环境功能区为 1 类，昼间环境噪声限值为 55 dB(A)，夜间环境噪声限值为 45 dB(A)，则该区域声环境功能区的环境质量评价量为（　　）。

　　A．昼间等效声级（L_d）≤55 dB(A)　　B．夜间等效声级（L_n）≤45dB(A)

　　C．昼间突发噪声的评价量≤70 dB(A)　　D．夜间突发噪声的评价量≤60 dB(A)

67．下列关于声环境现状监测的布点原则，说法正确的有（　　）。

　　A．布点应覆盖整个评价范围，仅包括厂界（或场界、边界）

　　B．当敏感目标高于（含）三层建筑时，应选取有代表性的不同楼层设置测点

　　C．评价范围内没有明显的声源，且声级较低时，可选择有代表性的区域布设测点

　　D．评价范围内有明显的声源，并对敏感目标的声环境质量有影响，应根据声源种类采取不同的监测布点原则

68．当声源为流动声源，且呈现线声源特点时，现状测点位置选取应兼顾（　　），布设在具有代表性的敏感目标处。

　　A．工程特点　　　　　　　　　　B．敏感目标的分布状况

　　C．线声源噪声影响随距离衰减的特点　　D．敏感目标的规模

69．当声源为固定声源时，现状测点应重点布设在（　　）。

A．可能既受到现有声源影响，又受到建设项目声源影响的敏感目标处

B．建设项目声源影响敏感目标

C．现有声源影响敏感目标处

D．有代表性的敏感目标处

70．下列关于声环境现状监测的布点原则，说法正确的有（　　　）。

A．评价范围内没有明显的声源，但声级较高，可选择有代表性的区域布设测点

B．对于流动声源，为满足预测需要，可选取若干线声源的垂线，在垂线上距声源不同距离处布设监测点

C．当敏感目标高于（含）二层建筑时，还应选取有代表性的不同楼层设置测点

D．对于固定声源，为满足预测需要，可在距离现有声源不同距离处设衰减测点

71．下列关于工矿企业建设项目声环境现状调查的方法及要点的说法，正确的有（　　　）。

A．厂区内噪声水平调查一般采用极坐标法

B．厂区内噪声水平调查一般采用网格法，每间隔 10～50 m 划分长方形网格

C．大型厂区内噪声水平调查采用每间隔 50～100 m 划分正方形网格法

D．采用网格法调查时，在交叉点（或中心点）布点测量

72．下列关于公路、铁路环境噪声现状水平调查的说法，正确的有（　　　）。

A．调查评价范围内敏感目标在沿线的分布和建筑情况以及执行的声环境标准

B．重点关注沿线的环境噪声敏感目标

C．若沿线敏感目标较多时，应分路段测量环境噪声背景值

D．若存在现有噪声源，应调查其分布状况和对周围敏感目标影响的范围和程度

73．下列关于声环境现状评价的方法，说法正确的有（　　　）。

A．声环境现状评价主要是声环境质量现状评价

B．声环境现状评价方法对照相关标准评价达标或超标情况并分析其原因

C．评价结果应当用表格和图示来表达清楚

D．公路、铁路项目需要绘制现状等声级图

74．下列（　　　）属生态现状调查方法。

A．生态监测法　　　　　B．现场勘查法　　　　　C．遥感调查法

D．资料收集法　　　　　E．专家和公众咨询法

75．关于生态现状调查方法，下列说法正确的是（　　　）。

A．使用资料收集法时，应保证资料的现时性，引用资料必须建立在现场校验的基础上

B．专家和公众咨询可以与资料收集和现场勘查不同步开展

C．对于生态系统生产力的调查，必要时需现场采样、实验室测定

D．遥感调查过程中没有必要辅助现场勘查工作

76．利用资料收集法进行生态现状调查时，可以从下列方面进行资料收集（　　　）。

A．可以从农、林、牧、渔和环境保护部门收集资料

B．可以从环境影响报告书、有关污染源调查报告中收集资料

C．可以从生态保护规划、生态功能区划中收集资料

D．可以从植物志、动物志、地方志中收集资料

77．鱼类现状调查的方法一般有（　　　）。

A．网捕法　　　　　　　　　B．生产力分析法

C．市场调查法　　　　　　　D．遥感法

78．植被中物种的重要值取决于物种的（　　　）。

A．相对密度　　　　　　　　B．相对优势度

C．相对盖度　　　　　　　　D．相对频度

79．陆生动物资源调查内容应包括（　　　）。

A．种类及分布特征　　　　　B．栖息繁殖地

C．生物量　　　　　　　　　D．重要野生动物名录

80．在植物样方调查时，以下必须调查的指标是（　　　）。

A．经济价值　　　　　B．生物量　　　　　C．覆盖度

D．密度　　　　　　　E．抗病虫性

81．生物量实测，当前通用的办法有（　　　）。

A．遥感判图法　　　　　　　　　B．皆伐实测法

C．随机抽样法　　　　D．平均木法　　　　E．分级平均换算法

82．采用样地调查收割法测定草地生产力时，应调查（　　　）。

A．地上部分生产量　　　　　　B．地下部分生产量

C．种子产量　　　　　　　　　D．枯死凋落量

E．被动物采食量

83．样地调查收割法的局限性在于不能计算下列（　　　）。

A．草食性动物所吃掉的物质

B．绿色植物自身代谢所耗费的物质

C．绿色植物自身生长、发育所耗费的物质

D．绿色植物当时有机物质的数量

84．景观生态学方法评价生态完整性的主要指标包括（　　　）。

A．植被连续性　　　　　　　　B．生态系统（植被）净生产力

C．生态系统空间结构完整性　　D．生物量和生产力水平

E．稳定性分析

85．景观生态学方法对景观的功能和稳定性分析包括（　　　）。

A．生物恢复力分析 　　　　　　　　　　B．异质性分析

C．景观组织的开放性分析 　　　　　　　D．稳定性分析

E．种群源的持久性和可达性分析

86．在陆生动物多样性调查时，调查方法可采用（　　　）。

A．示踪法 　　　　　　　B．遥测法 　　　　　　　C．系统分析法

D．野外观测法 　　　　　E．生态图法

87．对某项工程拟建场址 3 km 范围内不同栖息地的主要哺乳动物按照丰度定为以下哪几类？（　　　）

A．濒危类 　　　　　　　B．特殊关心类 　　　　　　C．丰富类

D．普遍类 　　　　　　　E．非普遍类

88．对某项工程拟建场址 3 km 范围内不同栖息地的哺乳动物、鸟类、两栖类和爬行动物，按其出境的危险程度可分为（　　　）。

A．濒危类 　　　　　B．濒灭类 　　　　　C．普遍类 　　　　　D．特殊类

E．由特别法律监督控制和保护类

89．水生生态调查初级生产力测定方法有（　　　）。

A．氧气测定法 　　　　　　　　　　　　B．原子吸收光谱测定法

C．CO_2 测定法 　　　　　　　　　　　D．叶绿素测定法

E．放射性标记物测定法

90．建设项目的水生生态环境调查，一般应包括（　　　）。

A．水质 　　　B．水温 　　　C．CO_2 浓度 　　　D．水生生物群落 　　　E．水文

91．下列（　　　）是地理信息系统所特有的功能。

A．缓冲分析 　　　　　　　　　　　　　B．空间数据分析

C．属性分析 　　　　　　　　　　　　　D．路径分析

92．下列信息可以通过遥感技术得到的是（　　　）。

A．土地利用类型及其面积 　　　　　　　B．水文资料

C．地形 　　　　　　　　　　　　　　　D．生物量分布

E．地面水体植被类型及分布

93．景观生态学对生态环境质量状况的评判是通过（　　　）进行的。

A．空间结构分析 　　　　　　　　　　　B．物种量分析

C．生物生产力分析 　　　　　　　　　　D．功能与稳定性分析

94．景观的功能和稳定性分析包括下列哪些方面的内容？（　　　）

A．景观组织的开放性分析 　　　　　　　B．种群源的持久性和可达性分析

C. 景观组织的空间结构分析　　　　　　D. 异质性分析

E. 生物恢复力分析

参考答案

一、单项选择题

1. D　2. C　3. C　4. B

5. B　【解析】用煤量=1.8 t/h=（1.8×10^9）/3 600=500 000 mg/s,

SO_2 排放量=500 000 × 2 × 80% × 2%=16 000 mg/s。

6. A　【解析】烟尘排放量=500 000 × 25% × 80% ×（1 − 80%）=20 000 mg/s=20 g/s。

7. C　8. D　9. D

10. D　【解析】2009 年考题。当某排气筒的高度大于或小于《大气污染物综合排放标准》列出的最大或最小值时，以外推法计算其最高允许排放速率。低于《大气污染物综合排放标准》表列排气筒高度的最低值时，计算公式为：

$$Q = Q_c(h/h_c)^2$$

式中：Q —— 某排气筒最高允许排放速率；

　　　Q_c —— 表列排气筒最低高度对应的最高允许排放速率；

　　　h —— 某排气筒的高度；

　　　h_c —— 表列排气筒的最低高度。

表列是指《大气污染物综合排放标准》中的表 1、表 2。所有的污染物的排气筒最低高度是 15 m，因此，上述公式适用。

本题：$Q = 3.50 \times (7.5/15)^2$=0.875 ≈ 0.88（kg/h）。

同时，《大气污染物综合排放标准》还规定：若新污染源的排气筒必须低于 15 m 时，其排放速率标准值按外推法计算结果再严格 50%执行。因此，本题排放速率应为 0.44（kg/h）。

11. C　【解析】在《大气污染物综合排放标准》中，二氧化硫、氮氧化物所列的排气筒的最高高度为 100 m。某排气筒高度高于《大气污染物综合排放标准》表列排气筒高度的最高值，用外推法计算其最高允许排放速率。按下式计算：

$$Q = Q_b(h/h_b)^2$$

式中：Q —— 某排气筒的最高允许排放速率；

　　　Q_b —— 表列排气筒最高高度对应的最高允许排放速率；

　　　h —— 某排气筒的高度；

　　　h_b —— 表列排气筒的最高高度。

本题：$Q = 170 \times (200/100)^2 = 680$（kg/h）。

注意：本题无需按外推法计算结果再严格 50% 执行。

12. C 【解析】《大气污染物综合排放标准》规定：排气筒高度应高出周围 200 m 半径范围的建筑 5 m 以上，不能达到该要求的排气筒，应按其高度对应的排放速率标准值严格 50% 执行。

13. C 【解析】某排气筒高度处于两高度之间，用内插法计算其最高允许排放速率，按下式计算：

$$Q = Q_a + (Q_{a+1} - Q_a)(h - h_a)/(h_{a+1} - h_a)$$

式中：Q——某排气筒最高允许排放速率；

Q_a——比某气筒低的表列限值中的最大值；

Q_{a+1}——比某排气筒高的表列限值中的最小值；

h——某排气筒的几何高度；

h_a——比某排气筒低的表列高度中的最大值；

h_{a+1}——比某排气筒高的表列高度中的最小值。

本题：$Q = 130 + (170 - 130)(95 - 90)/(100 - 90) = 150$（kg/h）。

从上述的计算过程和计算结果，能得到什么启示吗？

14. D 15. C

16. B 【解析】一级评价至少 8 个方向上布点，二级评价至少 4 个方向上布点，三级评价至少 2 个方向上布点。

17. C 18. B 19. B 20. B 21. D 22. C 23. A 24. C

25. A 【解析】2009 年的考题。主要考查监测数据统计的有效性规定。据 GB3096—2012，二氧化硫的 24 小时均值需 20 h 采样时间，年均值需 324 个日均值。本题日平均浓度无法统计分析，也无法知道年均值。"季平均浓度"在二氧化硫标准中没有此值的统计。

26. D 27. A 28. B 29. C 30. B 31. A 32. B 33. C

34. C 【解析】大气的水平运动称为风，风是由高压吹向低压。在同一水平面上，温度高，气压低，温度低，气压高。当日出以后，太阳辐射光照射到山坡上，山坡上的空气比谷底上同高度的空气温度高，密度小，气压低，因而谷底空气将沿山坡上升，形成由山谷吹向山坡的风，称为谷风。山坡向上升的气流上升到一定高度后就向山谷流动，在高空形成反谷风，在山谷间形成谷风局地环流。晚上则相反。

35. B 36. B 37. B

38. B 【解析】C 代表静风频率，静风指风速 < 0.5 m/s。

39. C 40. A 41. C 42. D 43. C 44. B 45. D

46. D 【解析】主导风向的确定应该按主导风向角风频之和应大于等于 30%，

从图中不能确定 SSE 风频的数值。

47．A

48．D　【解析】2009 年考题。风向角可以用方位表示，也可以用 0°～360° 来表示。如果用度数表示，以北方向为 0°，顺时针方向依次排列。另外，各位考生对 16 个方向的字母表示方法也应清楚。

49．B　【解析】非点源（面源）调查基本上采用搜集资料的方法，一般不进行实测。

50．B　【解析】需要调查的水质因子有两类：一类是常规水质因子，它能反映受纳水体的水质一般状况；另一类是特殊水质因子，它能代表建设项目排水的水质特征。在某些情况下，还需调查一些补充项目。

51．C　52．B　53．B　54．B

55．C　【解析】紊动扩散是指流体中由水流的脉动引起的质点分散现象。从公式表达式也可看出与浓度有关。污染物的紊动扩散是由于河流的紊动特性引起水中污染物自高浓度向低浓度的转移。

56．A　57．C　58．B　59．C　60．D　61．B　62．C　63．A　64．B　65．D　66．D

67．A　【解析】溶解氧标准指数计算分两种情况，测值大于等于标准值及测值小于标准值，两种情况的计算公式不同。

68．B

69．A　【解析】pH 标准指数计算分两种情况，测值大于 7 及测值小于等于 7，两种情况的计算公式不同，任何水体 pH 的限值都是 6～9，要记住。

70．C　【解析】5 个样本的平均值是 18.06 mg/L，实测极值是 21.5 mg/L，则：

$$c = \sqrt{\frac{c_{极}^2 + c_{均}^2}{2}} = \sqrt{\frac{21.5^2 + 18.06^2}{2}} = 19.9 \text{ mg/L}$$

71．B　【解析】5 个样本的平均值是 5.36 mg/L，实测极值是 4.5 mg/L（注意：对溶解氧来说不能取最大值，因为溶解氧的值越大表示水质越好），则：

$$c = \sqrt{\frac{c_{极}^2 + c_{均}^2}{2}} = \sqrt{\frac{5.36^2 + 4.5^2}{2}} = 4.95 \text{ mg/L}$$

72．A　【解析】此题很简单。《环境影响评价技术导则—地面水环境》在地面水环境现状评价时，水质参数的标准指数 >1，表明该水质参数超过了规定的水质标准，已经不能满足使用要求。

73．B　【解析】常用的水文地质参数有孔隙度、有效孔隙度、渗流系数等。孔隙度是指多孔体中所有孔隙的体积与总体积之比。有效孔隙度：由于并非所有的孔隙都相互连通，故把连通的孔隙体积与总体积之比称为有效孔隙度。

"渗透系数"是反映岩土透水性能的重要指标，其值越大，说明地下水渗透越强，反之，越弱。"渗透系数"的单位是 m/d。该概念来自地下水运动的基本定律——达西定律。1857 年法国工程师达西（H.Darcy）对均质砂土进行了大量的试验研究，得出了层流条件下的渗透规律：水在土中的渗透速度与试样两端面间的水头损失成正比，而与渗径长度成反比，即：

$$v = ki$$

式中：v——渗流速度，m/d；

　　　k——渗透系数，m/d；

　　　i——水力坡度，无量纲。

水力坡度为沿水流方向单位渗透路径长度上的水头差。渗透系数只能通过试验直接测定。影响渗透系数的原因：土粒大小和级配，土的孔隙比，水的动力黏滞系数，封闭气体含量。

74．C　【解析】通常地表水的流速都以"m/s"来度量，而地下水由于渗流速度缓慢，其渗流速度常用"m/d"来度量，因为地下水的渗流速度常为每天零点几米至几十米。

75．B　【解析】持水度：饱水岩石在重力作用下释水时，一部分水从空隙中流出，另一部分水以结合水、触点毛细水的形式保持于空隙中。持水度是指受重力影响释水后岩石仍能保持的水的体积与岩石体积之比。

容水度：岩石中所能容纳的最大的水的体积与溶水岩石体积之比，以小数或百分数表示。

76．C　【解析】入渗系数是指一年内降水入渗值与年降水量的比值。

77．D　78．A　79．C　80．B　81．A

82．B　【解析】蒸发排泄仅消耗水分，盐分仍留在地下水中，所以蒸发排泄强烈地区的地下水，水的矿化度比较高。

83．D

84．D　【解析】潜水和承压水主要在重力作用下运动，属饱和渗流。降雨产流过程主要在包气带中进行，包气带中的毛细水和结合水运动，主要受毛管力和骨架吸引力的控制，属非饱和渗流。

85．A

86．C　【解析】$L = 20 \lg \dfrac{0.02}{2 \times 10^{-5}} = 20 \times 3 = 60 \text{ dB}$

87．B　【解析】$L_p = 20 \lg \dfrac{p}{p_0}$，则 $p = p_0 10^{\frac{L_p}{20}}$；所以，$p = 2 \times 10^{-5} \times 10^{80/20} = 0.2 \text{ Pa}$

88．D

89．A　【解析】统计噪声级的计算方法，将测得的 100 个数据按由大到小顺序排列，第 10 个数据即为 L_{10}，说明共有 10 个数据，即 10%的时间超过 L_{10}。

90．D　91．C　92．C　93．D　94．C

95．D　【解析】声环境功能区的环境质量评价量为昼间等效声级、夜间等效声级，突发噪声的评价量为最大 A 声级。据 GB 3096—2008，各类声环境功能区夜间突发噪声，其最大声级超过环境噪声限值的幅度不得高于 15 dB（A）。

96．A　97．B　98．C　99．D　100．A　101．B　102．D

103．B　【解析】此考点只能在"参考教材"中找到答案。

104．C　105．C　106．A　107．D　108．C　109．A

110．C　111．D　112．D　113．A　114．D　115．C　116．C

117．A　【解析】物种乙的密度=个体数目/样地面积=2/10=0.2。所有种的密度=个体数目/样地面积=5/10=0.5。物种乙的相对密度=（一个种的密度/所有种的密度）×100%=（0.2/0.5）×100%=40%。

118．B

119．B　【解析】此题是 2006 年的一个考题。据相关教材，荒漠化的量化指标如下：潜在荒漠化的生物生产量为 3～4.5t/（hm²·a），正在发展的荒漠化为 1.5～2.9 t/（hm²·a），强烈发展的荒漠化为 1.0～1.4 t/（hm²·a），严重荒漠化为 0.0～0.9 t/（hm²·a）。

120．D　121．D　122．A　123．A　124．C

125．D　【解析】生物生产力是指生物在单位面积和单位时间所产生的有机物质的质量，亦即生产的速度，以 t/（hm²·a）表示；在生态评价时，以群落单位面积内的物种作为标准，称为物种量（物种数/hm²），而物种量与标定物种量的比值，称为标定相对物种量。

126．C　【解析】样地调查时，一般草本的样方面积在 1 m² 以上，灌木林样方在 10 m² 以上，乔木林样方在 100 m² 以上。

127．C　【解析】植物调查时首先选样地，然后在样地内选样方，样地选择以花费最少劳动力和获得最大准确度为原则，采用样地调查收割法时，森林样地面积选用 1 000 m²，疏林及灌木林样地选用 500 m²，草本群落或森林草本层样地面积选用 100 m²。注意是"收割法"。

128．D

129．A　【解析】样地调查时，一般草本的样方面积在 1 m² 以上，灌木林样方在 10 m² 以上，乔木林样方在 100 m² 以上。

130．B　131．D

132．B　【解析】净初级生物量=9－5=4（mg/L），

总初级生物量=9－3.5=5.5（mg/L）。

133．A　【解析】样方 50 cm 的面积为 0.25 m²，则 1 m² 的生物量为 300 g。

134．C

135．C　【解析】NDVI 指的是归一化差异植被指数，常用于进行区域和全球的植被状况研究。

136．B　137．B　138．C　139．C　140．A

二、不定项选择题

1．AB　2．ABD　3．ABC　4．ABCD　5．ABCD　6．ABCDE　7．ACDE

8．ABCD　【解析】对于城市道路等线源项目，根据道路布局和车流量状况，并结合环境空气保护目标的分布情况，选取有代表性的环境空气保护目标设置监测点。监测点的布设还应结合敏感点的垂直空间分布进行设置。"主导风向"在导则中对城市道路没有重点列出，但在一、二、三级评价的监测布点原则中都列出了"主导风向"相关内容，同样也适合城市道路。

9．ACD　【解析】选项 B 的正确说法是："计算并列表给出各取值时间最大浓度值占相应标准浓度限值的百分比和超标率，并评价达标情况。"

10．BCD

11．AC　【解析】补充地面气象观测的前提条件是：如果地面气象观测站与项目的距离超过 50 km，并且地面站与评价范围的地理特征不一致，还需要进行补充地面气象观测。注意"并且"两字。

12．AD　【解析】云量是指云遮蔽天空的成数。将天空分为十份，这十份中被云所掩盖的成数称为云量。如云占天空的 1/10，云量记 1；如云布满全天空时，云量记 10；当天空无云或云量不到 1/20，云量为 0。云量常以总云量和低云量两种形式记录。

13．ABD　14．ABDE

15．ACD　【解析】对于一级评价项目，需酌情对污染较严重时的高空气象探测资料作风廓线的分析，分析不同时间段大气边界层内的风速变化规律。

16．ABCDE　17．ABC　18．ABD　19．ABDE　20．ABD　21．ABC

22．BC　【解析】某区域的主导风向应有明显的优势，其主导风向角风频之和应≥30%，否则可称该区域没有主导风向或主导风向不明显。

23．ABCD

24．ACDE　【解析】按《地面水环境质量标准》（GB 3838—2002）所列：pH、溶解氧、高锰酸盐指数或化学需氧量、五日生化需氧量、总氮或氨氮、酚、氰化物、砷、汞、铬（六价）、总磷及水温，均为常规水质因子。

25．BCD　【解析】黑色冶炼、有色金属矿山及冶炼的特征污染物为：pH、悬浮物、COD、硫化物、氟化物、挥发性酚、氰化物、石油类、铜、锌、铅、砷、镉、汞。

26．BD

27．ABCDE　【解析】珠江下游属感潮河段。

28．ABDE　29．ABCDE　30．ABCD

31．BD　【解析】水库、湖泊需要调查水力滞留时间。

32．AB　【解析】选项 C 和 D 不全面，把两者结合起来就可以。

33．ABCD　【解析】导则 6.3.2 原文："河流水文调查与水文测量的内容应根据评价等级、河流的规模决定，其中主要有：……枯水期有无浅滩、沙洲和断流，北方河流还应了解结冰、封冰、解冻等现象。"因此，有些考生如果看书不仔细，可能只选择了 ABC 三项。

34．BC　35．ABCE

36．BC　【解析】选项 A 是径流模数的定义。径流深度的单位是 mm，不是 m。

37．ABCE　38．CD

39．ABC　【解析】选项 C 是经验判断法。湖泊、水库的平均水深 $H > 10$ m，是分层型，反之可能是混合型。

40．ABCDE

41．ABE　【解析】按地下水的赋存介质，即孔隙类型，可将地下水分为三大类，即松散岩石中的孔隙水、碎屑岩类裂隙水、可溶岩类岩溶水。孔隙水：存在于岩土体孔隙中的重力水；裂隙水：贮存于岩体裂隙中的重力水。裂隙系统与孔隙系统相比，其主要特点是介质渗透性能具有明显的方向性和非均质性。岩溶是水流对可溶岩进行溶解、侵蚀，并伴随重力崩塌的结果，这种作用及其产生的现象，称为岩溶，贮存于可溶性岩层溶隙（穴）中的重力水称为岩溶水。

42．BCD　【解析】地表以下地下水面以上的岩土层，其空隙未被水充满，空隙中仍包含着部分空气，该岩土层即称为包气带。包气带是地表物质进入地下含水层的必经之路。包气带水泛指贮存在包气带中的水，包括通称为土壤水的吸着水、薄膜水、毛细水、气态水等，有时也将包气带水称之为非饱和带水。包水带中第一个具有自由表面的含水层中的水称为潜水。潜水含水层上面无隔水层，直接与包气带相连，所以潜水在其全部分布范围内都可以通过包气带接受大气降水、地表水的补给。通常在重力作用下由高位置向低位置作下降运动，发生径流。

充满于两隔水层之间的含水层中的水，称为承压水，也称自流水。另一种定义：充满于上、下两个相对隔水层之间的含水层，对顶板产生静水压力的地下水。承压水主要由大气降水、地表水渗入补给。

包气带、潜水、承压水的位置和关系见下图：

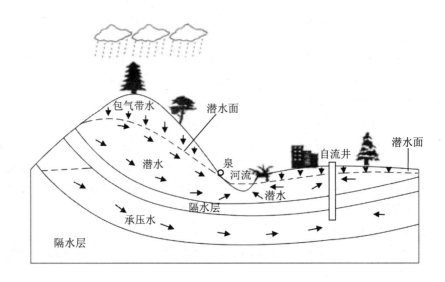

43. ABCD　44. ABD　45. BCD　46. ABC　47. ABCD　48. ABCDE　49. BD
50. ABCD　51. ABCD　52. ABCDE

53. ABCDE　【解析】除本题所列的信息外，地下水等水位线图还可确定地下水人工露头，计算地下水的水力坡度，推断给水层的岩性或厚度的变化等。

54. ABC　【解析】水文地质柱状图是水文垂直钻孔得出来的图件，钻孔能穿越包气带、潜水层、含水层、承压水层，上述信息都能反映出来。含水层之间的补给关系，是河流补给潜水还是潜水补给河流，则无法准确判断。

55. ABCD　56. ABC　57. ABCD　58. ABC

59. ABCDE　【解析】除上述 5 种方法外，还有连通试验。简单常用的试验是：抽水试验、注水试验、渗水试验，这三种试验都可测定渗透系数。

60. ABC　【解析】包气带下面是潜水层，与承压水的位置有一定的距离。

61. BC　62. ABCD　63. ABD

64. ABC　【解析】地下水现状监测分析没有超标倍数之说。大气现状监测结果分析有这种说法。

65. AB

66. ABD　【解析】声环境功能区的环境质量评价量为昼间等效声级、夜间等效声级，突发噪声的评价量为最大 A 声级。据 GB 3096—2008，各类声环境功能区夜间突发噪声，其最大声级超过环境噪声限值的幅度不得高于 15 dB（A）。GB 3096

—2008 没有规定昼间突发噪声限值的幅度。因此，C 不能选。

67．BCD 【解析】选项 A 的正确说法是：布点应覆盖整个评价范围，包括厂界（或场界、边界）和敏感目标。

68．ABC 69．AD 70． BD

71．CD 【解析】网格法布点按正方形划分。

72．ABCD

73．BC 【解析】声环境现状评价包括声环境质量现状评价和噪声源现状评价。改扩建飞机场，需要绘制现状 WECPNL 的等声级图。

74．ABCDE

75．AC 【解析】专家和公众咨询法是对现场勘查的有益补充，专家和公众咨询应与资料收集和现场勘查同步开展。遥感调查过程中必须辅助必要的现场勘查工作。

76．ABCD 77．AC

78．ABD 【解析】重要值=相对密度+相对优势度+相对频度。

79．ABD 【解析】陆生动物资源调查的内容比较多，ABD 是常规内容，至于 C 选项主要针对植被。环评有关导则与规范中，并未要求动物资源要调查动物的生物量。

80．BCD 【解析】通过植物样方调查可以确定物种多样性，覆盖度和密度是主要的数据，生物量也常用来评价物种的重要性，因此，这三种指标都应该调查。

81．BCDE 82．ABDE 83．ABC 84．BE

85．ABCE 【解析】《环境影响评价技术导则—生态影响》附录中指出：景观生态学方法对景观的功能和稳定性分析包括如下四方面内容：① 生物恢复力分析；② 异质性分析；③ 种群源的持久性和可达性分析；④ 景观组织的开放性分析。

86．ABD 【解析】动物多样性的调查方法可采用示踪法、遥测法、野外观测法。

87．BCDE 88．ABDE 89．ACDE 90．ABDE 91．ABD 92．ACDE

93．AD 【解析】景观生态学在环境影响评价中的应用见《环境影响评价技术导则—生态影响》中的附录。景观生态学对生态环境质量状况的评判是通过两个方面进行的，一是空间结构分析，二是功能与稳定性分析。这是因为景观生态学认为，景观的结构与功能是相当匹配的，且增加景观的异质性和共生性也是生态学和社会学整体论的基本原则。

94．ABDE

第三章 环境影响识别与评价因子的筛选

一、单项选择题（每题的备选选项中，只有一个最符合题意）

1. 下列区域哪个属于《建设项目环境保护分类管理名录》规定的环境敏感区？（   ）

    A. 水杉林   B. 榕树林   C. 红树林   D. 桉树林

2. 矩阵法在环境影响识别中是以（   ）的方式说明拟建项目的环境影响。

    A. 定性   B. 定量   C. 半定量   D. 定性或半定量

3. 采用因果关系分析网络来解释和描述拟建项目的各项"活动"和环境要素之间的关系以识别环境影响，此方法称（   ）。

    A. 清单法   B. 影响网络法   C. 矩阵法   D. 叠图法

4. 水环境影响评价水质参数计算公式 $ISE = \dfrac{c_{pi}Q_{pi}}{(c_{si}-c_{hi})Q_{hi}}$ 中 Q_{hi} 是指（   ）。

    A. 含水污染物 i 的废水排放量   B. 河流中游来水流量

    C. 含水污染物 i 的废水排放总量   D. 河流上游来水流量

5. 被调查水域的环境质量要求较高，且评价等级为一、二级时，应考虑调查（   ）。

    A. 水生生物和底质   B. 底质

    C. 水生生物   D. 浮游生物

6. 水域底质的调查主要调查与建设项目排水水质有关的易（   ）的污染物。

    A. 积累   B. 降解   C. 中毒   D. 传染

7. 某建设项目 COD 的排放浓度为 30 mg/L，排放量为 36 000 m³/h，排入地表水的 COD 执行 20 mg/L，地表水上游 COD 的浓度是 18 mg/L，其上游来水流量 50 m³/s，其去水流量 40 m³/s，则其 ISE 是（   ）。

    A. 3   B. 1 080   C. 30   D. 3.75

二、不定项选择题（每题的备选项中至少有一个符合题意）

1. 在建设项目的环境影响识别中，从技术上一般应考虑下列哪些方面？（　　　　）

  A. 从自然环境和社会环境两方面识别环境影响

  B. 突出对重要的或社会关注的环境要素的识别

  C. 项目的特性

  D. 项目涉及的当地环境特性及环境保护要求

  E. 识别主要的环境敏感区和环境敏感目标

2. 下列哪些属建设项目环境影响识别的一般技术要求？（　　　　）

  A. 突出自然环境的识别环境影响，社会环境可忽略

  B. 项目涉及的环境保护要求

  C. 项目类型、规模等特性

  D. 识别主要的环境敏感区和环境敏感目标

  E. 项目涉及的当地环境特性

3. 下列（　　　　）属于《建设项目环境保护分类管理名录》规定的环境敏感区。

  A. 人工鱼塘　　　　　　　　　　B. 沙尘暴源区

  C. 重要湿地　　　　　　　　　　D. 荒漠中的绿洲

4. 环境影响识别的主要方法有（　　　　）。

  A. 矩阵法　　　　　　　B. 保证率法　　　　　　　C. 叠图法

  D. 清单法　　　　　　　E. 影响网络法

5. 大气环境影响评价因子的识别应选择（　　　　）。

  A. 排放的污染物属于常规污染物的

  B. 该项目排放量中等的污染物

  C. 毒性较大的污染物

  D. 项目的特征污染物有国家或地方环境质量标准的或者有 TJ36 中的居住区
    大气中有害物质的最高允许浓度的

6. 水环境水质调查的参数有（　　　　）。

  A. 常规水质参数　　　　　　　　B. 特征水质参数

  C. 常规水文参数　　　　　　　　D. 其他方面参数

参考答案

一、单项选择题

1. C 2. D 3. B 4. D 5. A 6. A

7. A 【解析】COD 排放量为 36 000 m^3/h 转为 "m^3/s" 时，应为 10 m^3/s；其去水流量 40 m^3/s 与问题没关系。

二、不定项选择题

1. ABCDE 2. BCDE 3. BCD

4. ACDE 【解析】选项 B 是大气日平均浓度的计算方法。

5. ACD 6. ABD

第四章　环境影响预测与评价

一、单项选择题（每题的备选选项中，只有一个最符合题意）

1. 估算模式是一种（　　　）预测模式。

A．单源　　　　B．多源　　　　C．体源　　　　D．面源

2. 两个排气筒高度分别为 24 m 及 30 m，距离为 50 m，排气筒的污染物排放速率分别为 0.44 kg/h 及 2.56 kg/h，则等效排气筒的排放速率是（　　　）。

A．4.56　　　　B．4.2　　　　C．2.12　　　　D．3.0

3. 两个排气筒高度分别为 24 m 及 30 m，距离为 50 m，排气筒的污染物排放速率分别为 0.44 kg/h 及 2.56 kg/h，则等效排气筒的高度是（　　　）。

A．28.7　　　　B．30　　　　C．27.2　　　　D．24

4. 若某一网格点的 SO_2 最大地面小时浓度（C_{SO_2}）和 NO_2 最大地面小时浓度（C_{NO_2}）占标率相等，则（　　　）。

A．$C_{SO_2}=C_{NO_2}$　　　　　　　　B．$C_{SO_2}>C_{NO_2}$

C．$C_{SO_2}<C_{NO_2}$　　　　　　　　D．$C_{SO_2}=2C_{NO_2}$

5. 大气环境影响预测时，应选择（　　　）作为计算点。

A．区域地面上风向轴线浓度点

B．区域地面下风向轴线浓度点

C．所有的区域最大地面浓度点

D．所有的环境空气敏感区中的环境空气保护目标

6. 大气环境影响预测时，区域最大地面浓度点的预测网格设置，应依据计算出的网格点浓度分布而定，在高浓度分布区，计算点间距应（　　　）。

A．不大于 20 m　　　　　　　　B．不大于 30 m

C．不大于 50 m　　　　　　　　D．不大于 60 m

7. 大气环境影响预测时，如预测计算点距离源中心≤1 000 m，采用直角坐标的网格点网格间距应是（　　　）。

A．50～100 m　　　　　　　　B．100～500 m

C．100～200 m　　　　　　　　D．50～200 m

8. 大气环境影响预测时，如预测计算点距离源中心≤1 000 m，采用极坐标的

网格点网格间距应是（　　　）。

  A．50～100 m   B．100～500 m

  C．100～200 m   D．50～200 m

  9．大气环境影响预测时，如预测计算点距离源中心＞1 000 m，采用极坐标的网格点网格间距应是（　　　）。

  A．50～100 m   B．100～500 m

  C．100～200 m   D．50～200 m

  10．大气环境影响预测时，如预测计算点距离源中心＞1 000 m，采用直角坐标的网格点网格间距应是（　　　）。

  A．50～100 m   B．50～400 m

  C．100～200 m   D．100～500 m

  11．大气环境影响预测时，对于临近污染源的高层住宅楼，应适当考虑（　　　）的预测受体。

  A．不同代表长度上   B．不同代表宽度上

  C．不同代表高度上   D．不同代表朝向上

  12．下列哪种污染类别，需预测所有因子？（　　　）

  A．新增污染源的正常排放   B．新增污染源的非正常排放

  C．削减污染源   D．被取代污染源

  13．只需预测小时浓度的污染源类别有（　　　）。

  A．新增污染源的正常排放   B．新增污染源的非正常排放

  C．削减污染源   D．被取代污染源

  E．拟建项目相关污染源

  14．预测因子应根据评价因子而定，应选取（　　　）作为预测因子。

  A．有环境空气质量标准的评价因子   B．有特征的评价因子

  C．地面浓度占标率大的评价因子   D．毒性较大的评价因子

  15．在《环境影响评价技术导则—大气环境》（HJ 2.2—2008）中的常规预测情景组合中，预测内容的小时浓度、日平均浓度是指（　　　）。

  A．平均值   B．最小值

  C．最大值   D．据污染源的类别来确定

  16．对环境空气敏感区的环境影响分析，应考虑其预测值和同点位处的现状背景值的（　　　）的叠加影响。

  A．最大值   B．加权平均值

  C．最小值   D．平均值

  17．对最大地面浓度点的环境影响分析可考虑预测值和所有现状背景值的

（　　　）的叠加影响。

　　A．最小值　　　　　　　　　　　B．加权平均值

　　C．最大值　　　　　　　　　　　D．平均值

　　18．某拟建项目，经预测对附近的环境空气敏感区的 SO_2 的贡献值是 0.1 mg/m^3，最大地面浓度点的贡献值是 0.2 mg/m^3。该环境空气敏感区的 SO_2 现状监测值的平均值为 0.2 mg/m^3，最大值为 0.25 mg/m^3，最小值为 0.18 mg/m^3，则该项目建成后，环境空气敏感区和最大地面浓度点的 SO_2 质量浓度分别是（　　　）。

　　A．0.30 mg/m^3，0.40 mg/m^3　　　　B．0.35 mg/m^3，0.45 mg/m^3

　　C．0.35 mg/m^3，0.40 mg/m^3　　　　D．0.28 mg/m^3，0.38 mg/m^3

　　19．大气环境影响预测分析与评价时，需叠加现状背景值，分析项目建成后最终的区域环境质量状况，下列公式正确的是（　　　）。

　　A．新增污染源预测值＋现状监测值－削减污染源计算值（如果有）＋被取代污染源计算值（如果有）＝项目建成后最终的环境影响

　　B．新增污染源预测值＋现状监测值－削减污染源计算值（如果有）－被取代污染源计算值（如果有）＝项目建成后最终的环境影响

　　C．新增污染源预测值＋现状监测值＝项目建成后最终的环境影响

　　D．新增污染源预测值＋现状监测值＋削减污染源计算值（如果有）－被取代污染源计算值（如果有）＝项目建成后最终的环境影响

　　20．某拟建项目 SO_2 对附近的环境保护目标（二类区）预测小时贡献值为 0.10 mg/m^3，现状监测值为 0.35 mg/m^3，被取代污染源计算值 0.05 mg/m^3，则建成后保护目标的小时浓度值和达标情况是（　　　）。

　　A．0.50 mg/m^3，达标　　　　　　B．0.50 mg/m^3，不达标

　　C．0.40 mg/m^3，达标　　　　　　D．0.40 mg/m^3，不达标

　　21．某技改项目 NO_2 对附近的环境保护目标（二类区）预测小时贡献值为 0.05 mg/m^3，现状监测值为 0.10 mg/m^3，削减污染源计算值为 0.05 mg/m^3，在环境保护目标附近另有一拟新建项目，据环评报告该项目预测小时贡献值为 0.10 mg/m^3，则技改完成和新建项目完成后保护目标的小时浓度值和达标情况是（　　　）。

　　A．0.25 mg/m^3，不达标　　　　　B．0.10 mg/m^3，达标

　　C．0.20mg/m^3，不达标　　　　　D．0.20 mg/m^3，达标

　　22．大气一级评价项目的长期气象条件为：近五年内的（　　　）的逐日、逐次气象条件。

　　A．至少连续二年　　　　　　　　B．任意三年

　　C．至少连续四年　　　　　　　　D．至少连续三年

　　23．大气二级评价项目的长期气象条件为：近三年内的（　　　）的逐日、逐次

气象条件。

    A. 至少连续一年　　　　　　B. 任意一年

    C. 至少连续二年　　　　　　D. 任意二年

24. 在分析典型小时气象条件下，项目对环境空气敏感区和评价范围的最大环境影响时，应绘制（　　　）。

    A. 评价范围内出现区域小时平均浓度平均值时所对应的浓度等值线分布图

    B. 评价范围内出现区域日平均浓度最大值时所对应的浓度等值线分布图

    C. 评价范围内出现区域小时平均浓度最大值时所对应的浓度等值线分布图

    D. 预测范围内的浓度等值线分布图

25. 在分析典型日气象条件下，项目对环境空气敏感区和评价范围的最大环境影响时，应绘制（　　　）。

    A. 评价范围内出现区域日平均浓度平均值时所对应的浓度等值线分布图

    B. 评价范围内出现区域日平均浓度最大值时所对应的浓度等值线分布图

    C. 评价范围内出现区域小时平均浓度最大值时所对应的浓度等值线分布图

    D. 预测范围内的浓度等值线分布图

26. 在分析典型小时气象条件下，项目对环境空气敏感区和评价范围的最大环境影响时，应绘制（　　　）出现区域小时平均浓度最大值时所对应的浓度等值线分布图。

    A. 环境空气敏感区　　　　　　B. 评价范围内

    C. 环境空气敏感区和评价范围　　D. 计算点

27. 建设项目大气环境影响评价所选取的典型小时气象条件是指采用长期气象资料（　　　）。

    A. 逐次计算出污染最严重时对应的小时气象条件

    B. 不同季节的代表性小时气象条件

    C. 选取的逆温气象条件

    D. 选取的静风气象条件

28. 以下对水污染物迁移与转化的过程描述不正确的是（　　　）。

    A. 化学过程是主要指污染物之间发生化学反应形成沉淀析出

    B. 水体中污染物的迁移与转化包括物理过程、化学转化过程和生物降解过程

    C. 混合稀释作用只能降低水中污染物的浓度，不能减少其总量

    D. 影响生物自净作用的关键是：溶解氧的含量，有机污染物的性质、浓度以及微生物的种类、数量等

29. 在进行水环境影响预测时，应优先考虑使用（　　　），在评价工作级别较低，评价时间短，无法取得足够的参数、数据时，可用（　　　）。

A. 物理模型法　数学模式法　　　　　B. 物理模型法　类比分析法

C. 数学模式法　类比分析法　　　　　D. 类比分析法　物理模型法

30. 对于持久性污染物（连续排放），沉降作用明显的河段适用的水质模式是（　　　）。

A. 河流完全混合模式　　　　　　　　B. 河流一维稳态模式

C. 零维模式　　　　　　　　　　　　D. S-P 模式

31. 公式 $ISE = \dfrac{c_{pi}Q_{pi}}{(c_{si} - c_{hi})Q_{hi}}$ 中，c_{hi} 是指（　　　）。

A. 含水污染物 i 的排放浓度　　　　B. 评价河段含水污染物 i 的浓度

C. 含水污染物 i 的地表水水质标准　D. 含水污染物 i 的废水排放量

32. Streeter-Phelps 模式是研究（　　　）。

A. DO 与 BOD 关系　　　　　　　　B. DO 与 COD 关系

C. COD 与 BOD 关系　　　　　　　　D. BOD 浓度

33. 河流横向混合系数常用下列哪种经验公式法估算？（　　　）

A. 费希尔（Fischer）法　　　　　　B. 狄欺逊（Diachishon）法

C. 泰勒（Taylor）法　　　　　　　　D. 鲍登（Bowden）法

34. 河流纵向离散系数常用下列哪种经验公式法估算？（　　　）

A. 费希尔（Fischer）法　　　　　　B. 狄欺逊（Diachishon）法

C. 泰勒（Taylor）法　　　　　　　　D. 鲍登（Bowden）法

35. 河流复氧系数 K_2 的单独估值方法常用（　　　）。

A. 实验室测定法　　　　　　　　　　B. 经验公式法

C. 现场实测法　　　　　　　　　　　D. 水质数学模型率确定

36. 在混合系数采用示踪试验法测定时，如果连续恒定投放，其投放时间应大于（　　　）。

A. $1.5x_m/u$　　　B. $2.5x_m/ub$　　　C. $1.5x_mH/u^2$　　　D. $0.5x_mGH/u^2$

37. 不属于耗氧系数 K_1 的单独估值方法的是（　　　）。

A. 实验室测定法　　B. 两点法　　　　C. kol 法　　　　　D. 经验公式法

38. 某建设项目污水排放量为 300 m³/h，COD_{Cr}：200 mg/L，石油类：20 mg/L，氰化物：10 mg/L，六价铬：6 mg/L。污水排入附近一条小河，河水流量为 5 000 m³/h，对应污染物的监测浓度分别为 COD_{Cr}：10 mg/L，石油类：0.4 mg/L，氰化物：0.1 mg/L，六价铬：0.03 mg/L。则根据 ISE 计算结果，水质参数排序正确的是（　　　）。（注：河流执行Ⅳ类水体标准，COD_{Cr}：20 mg/L，石油类：0.5 mg/L，总氰化物：0.2 mg/L，六价铬：0.05 mg/L）

A. COD_{Cr}＞石油类＞氰化物＞六价铬　　B. 六价铬＞石油类＞氰化物＞COD_{Cr}

C．氰化物＞石油类＞COD_{Cr}＞六价铬　　　D．石油类＞六价铬＞氰化物＞COD_{Cr}

39．一般废水分（　　）进行预测。

A．正常排放和不正常排放

B．正常排放、不正常排放和事故排放

C．正常排放和事故排放

D．建设期、运行期和服务期满三阶段

40．上游来水 COD_{Cr}（p）=14.5 mg/L，Q_p=8.7 m^3/s；污水排放源强 COD_{Cr}（h）=58 mg/L，Q_h=1.0 m^3/s。如忽略排污口至起始断面间的水质变化，且起始断面的水质分布均匀，则起始断面的 COD_{Cr} 浓度是（　　）mg/L。

A．14.5　　　　　B．19.0　　　　　C．25.0　　　　　D．36.3

41．一河段的上断面处有一岸边污水排放口稳定地向河流排放污水，其污水特征为：Q_h=19 440 m^3/d，COD_{Cr}（h）=100 mg/L。河流水环境参数值为：Q_p=6.0 m^3/s，COD_{Cr}（p）=12 mg/L，u=0.1 m/s，K_c=0.5 L/d。假设污水进入河流后立即与河水均匀混合，在距排污口下游 10 km 的某断面处，河水中 COD_{Cr} 浓度是（　　）mg/L。

A．56　　　　　B．19.0　　　　　C．15.2　　　　　D．8.52

42．拟在河边建一工厂，该厂将以 2.56 m^3/s 的流量排放废水，废水中污染物（持久性物质）的浓度为 1 500 mg/L，该河流平均流速为 0.61 m/s，平均河宽为 12.5 m，平均水深为 0.58 m，与该工厂相同的污染物浓度为 400 mg/L，该工厂的废水排入河流后，污染物浓度是（　　）mg/L。

A．503.4　　　　　B．692.3　　　　　C．803.4　　　　　D．705.6

43．某扩建工程拟向河流排放废水，废水量 Q_h=0.25 m^3/s，苯酚浓度为 c_h=40 mg/L，河流流量 Q_p=6.5 m^3/s，流速 v_x = 0.4 m/s，苯酚背景浓度为 c_p=0.8 mg/L，苯酚的降解系数 K = 0.25 d^{-1}，忽略纵向弥散作用，在排放点下游 15 km 处的苯酚浓度是（　　）mg/L。

A．1.89　　　　　B．3.03　　　　　C．5.47　　　　　D．2.02

44．一均匀稳态河段，河宽 B=100 m，平均水深 H=2 m，流速 u=0.5 m/s，平均底坡 i=0.000 5。一个拟建项目以岸边和河中心两种方案排放污水的完全混合距离分别是（　　）。

A．26 374.7 m，6 593.7 m　　　　　B．17 394.7 m，7 903.6 m

C．6 593.7 m，26 374.7 m　　　　　D．27 875.3 m，6 694.8 m

45．城市污水处理厂出水排入河流，其排放口下游临界氧亏点断面溶解氧浓度 C_A 与排放口断面的溶解氧浓度 C_O 相比，（　　）。

A．C_A＞C_O　　B．C_A＜C_O　　C．C_A=C_O　　D．不能确定高低

46．在沉降作用明显的河流充分混合段，对排入河流的化学需氧量（COD）进

行水质预测最适宜采用（　　　）。

 A．河流一维水质模式   B．河流平面二维水质模式

 C．河流完全混合模式   D．河流 S-P 模式

 47．流域 3 个相邻城市向同一河流干流排放某种难降解污染物，干流功能区目标（类别及限值）分布如下图所示：

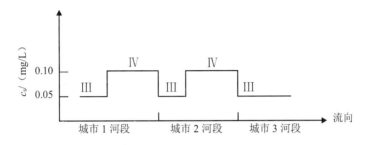

 已知干流枯水设计流量为 10 m³/s，忽略悬沙吸附沉降作用，保证 3 个城市所有功能区达标的最大允许负荷（包括背景负荷）为（　　　）。

 A．0.25 g/s   B．0.50 g/s   C．0.75 g/s   D．1.00 g/s

 48．湖库水体营养状况指数（TSI）评价法通常采用三个关联指标（　　　）。

 A．透明度、总氮、叶绿素   B．透明度、总磷、叶绿素

 C．总氮、总磷、叶绿素   D．总氮、总磷、透明度

 49．潮汐河流中，最重要的质量输移是（　　　），因此，可以用一维模型来描述质量的输移。

 A．水平输移 B．垂向输移 C．横向输移 D．混合输移

 50．据《环境影响评价技术导则—地下水环境》，地下水二级评价中水文地质条件复杂时应采用（　　　）进行预测。

 A．解析法 B．数值法 C．回归分析 D．趋势外推

 51．据《环境影响评价技术导则—地下水环境》，地下水一级评价应采用（　　　）进行预测。

 A．均衡法   B．数值法或解析法

 C．回归分析   D．数值法

 52．据《环境影响评价技术导则—地下水环境》，适宜进行区域或流域地下水补给资源量评价的预测方法是（　　　）。

 A．地下水数值模型   B．地下水量均衡法

 C．地下水溶质运移解析法   D．地下水流解析法

 53．据《环境影响评价技术导则—地下水环境》，应用（　　　）可以给出在各种参数值的情况下渗流区中任何一点上的水位（水头）值。

A．地下水数值模型　　　　　　B．地下水量均衡法

C．地下水溶质运移解析法　　　D．地下水流解析法

54．据《环境影响评价技术导则—地下水环境》，下列哪种地下水预测方法可以拟合观测资料以求得水动力弥散系数。（　　　）

A．地下水数值模型　　　　　　B．地下水量均衡法

C．地下水溶质运移解析法　　　D．地下水流解析法

55．下列哪种地下水预测方法可以解决许多复杂水文地质条件和地下水开发利用条件下的地下水资源评价问题，并可以预测各种开采方案条件下地下水位的变化，即预测各种条件下的地下水状态。（　　　）

A．数值法　　　　　　　　　　B．地下水量均衡法

C．地下水溶质运移解析法　　　D．回归分析

56．据《环境影响评价技术导则—地下水环境》，经验公式 $\lg R = \dfrac{S_1 \lg r_2 - S_2 \lg r_1}{S_1 - S_2}$

确定承压水水位变化区域半径的适用条件是（　　　）。

A．无观察孔完整井抽水时　　　B．有一个观察孔完整井抽水时

C．有两个观察孔完整井抽水时　D．近地表水体单孔抽水时

57．据《环境影响评价技术导则—地下水环境》，地下水量均衡法属于集中参数方法，适宜进行（　　　）评价。

A．区域或流域地下水资源利用量

B．区域或流域地下水补给资源量

C．区域或流域地下水位变化量

D．区域或流域地下水水质变化量

58．据《环境影响评价技术导则—地下水环境》，地下水量均衡法的均衡期的选择一般选用（　　　）。

A．5 年、10 年或 20 年　　　　B．5 年、15 年或 30 年

C．5 年、20 年或 40 年　　　　D．5 年、30 年或 60 年

59．据《环境影响评价技术导则—地下水环境》，对于Ⅰ类建设项目的地下水水质影响评价，可采用（　　　）进行评价。

A．综合指数法　　　　　　　　B．地下水量均衡法

C．标准指数法　　　　　　　　D．平均加权法

60．据《环境影响评价技术导则—地下水环境》，对于Ⅱ类建设项目评价其导致的环境水文地质问题时，可采用（　　　）进行评价。

A．标准指数法

B．预测水位与现状调查水位相比较的方法

C. 地下水量均衡法

D. 平均加权法

61. 据《环境影响评价技术导则—地下水环境》，对地下水位不能恢复、持续下降的疏干漏斗，采用（   ）进行评价。

A. 地下水流解析法

B. 地下水量均衡法

C. 中心水位降和水位下降速率

D. 据地下水水位变化速率、变化幅度、水质及岩性等分析其发展的趋势

62. 据《环境影响评价技术导则—地下水环境》，对土壤盐渍化，在影响预测与评价时可采用（   ）进行评价。

A. 地下水流解析法

B. 地下水量均衡法

C. 中心水位降和水位下降速率

D. 据地下水水位变化速率、变化幅度、水质及岩性等分析其发展的趋势

63. 重金属经过各种污染途径进入包气带，进入包气带中的重金属元素首先发生（   ）。

A. 吸附作用   B. 络合作用   C. 氧化作用   D. 离子交换作用

64. 有机污染物在包气带中迁移途径为（   ）。

A. 污染源→表层土壤→下包气带土壤→犁底层土壤→地下含水层

B. 污染源→表层土壤→地下含水层→犁底层土壤→下包气带土壤

C. 污染源→表层土壤→犁底层土壤→下包气带土壤→地下含水层

D. 污染源→表层土壤→犁底层土壤→地下含水层→下包气带土壤

65. 固体废物在淋滤作用下，淋滤液下渗引起的地下水污染属（   ）污染。

A. 间歇入渗型   B. 连续入渗型

C. 越流型   D. 经流型

66. 废水渠渗漏造成地下水污染属（   ）污染。

A. 间歇入渗型   B. 连续入渗型

C. 越流型   D. 经流型

67. 污染物通过地下岩溶孔道进入含水层造成地下水污染属（   ）污染。

A. 间歇入渗型   B. 连续入渗型

C. 越流型   D. 经流型

68. 污染物通过地层尖灭的天窗污染潜水或承压水属（   ）污染。

A. 间歇入渗型   B. 连续入渗型

C. 越流型   D. 经流型

69. 某工厂内有 4 种机器，声压级分别是 84 dB、82 dB、86 dB、89 dB，它们同时运行时的声压级是（　　）dB。

　　A. 94　　　　　B. 92　　　　　C. 95　　　　　D. 98

70. 室内吊扇工作时，测得噪声声压 $p=0.002$ Pa；电冰箱单独开动时声压级是 46 dB，两者同时开动时的合成声压级是（　　）dB。

　　A. 41　　　　　B. 61　　　　　C. 47　　　　　D. 48

71. 室内有两个噪声源，同时工作时总声压级为 73 dB，当其中一个声源停止工作时，测得室内声压级为 72 dB，另一声源的声压级是（　　）dB。

　　A. 62　　　　　B. 67　　　　　C. 78　　　　　D. 66

72. 已知 $L_1=85$ dB，$L_2=85$ dB，则合成声压级 L_{1+2} 是（　　）dB。

　　A. 86　　　　　B. 87　　　　　C. 88　　　　　D. 90

73. 某工厂冷却塔外 1 m 处，噪声级为 100 dB(A)，厂界值要求标准为 60 dB(A)，在不考虑屏障衰减的情况下，厂界与冷却塔的最小距离应为（　　）。

　　A. 80 m　　　　B. 100 m　　　　C. 50 m　　　　D. 60 m

74. 任何形状的声源，只要声波波长（　　）声源几何尺寸，该声源可视为点声源。

　　A. 远远大于　　　　　　　　　　B. 远远小于

　　C. 等于　　　　　　　　　　　　D. 远远小于等于

75. 在声环境影响评价中，声源中心到预测点之间的距离超过声源最大几何尺寸（　　）时，可将该声源近似为点声源。

　　A. 很多　　　　B. 1 倍　　　　C. 3 倍　　　　D. 2 倍

76. 某厂的鼓风机产生噪声，距鼓风机 3 m 处测得噪声为 85 dB，鼓风机距居民楼 30 m，该鼓风机噪声在居民楼处产生的声压级是（　　）dB。

　　A. 75　　　　　B. 68　　　　　C. 65　　　　　D. 60

77. 上题中如居民楼执行的噪声标准是 55 dB，如果要达标，则居民楼应离鼓风机的距离是（　　）m。

　　A. 65　　　　　B. 85　　　　　C. 75　　　　　D. 95

78. 某工厂机器噪声源附近测得噪声声压级为 67 dB，背景值为 60 dB，机器的噪声是（　　）dB。

　　A. 62　　　　　B. 60　　　　　C. 66　　　　　D. 64

79. 已知距某点声源 10 m 处测得噪声值为 90 dB，则 30 m 处的噪声值为（　　）dB。

　　A. 72　　　　　B. 78　　　　　C. 80.5　　　　D. 84

80. 某工程室外声源有引风机排气口，室内声源有球磨机、水泵，在未采取治理措施前，风机排气、球磨机、水泵在预测点的噪声贡献值分别为 60 dB(A)、42 dB(A)、42 dB(A)，要使预测点声级满足 55 dB(A)标准要求，采取的噪声控制措施为（　　）。

    A．引风机排气口加消声器　　　　　　B．引风机加隔声罩

    C．球磨机加隔声罩　　　　　　　　　　D．水泵加隔声罩

    81．已知某线声源长 10 km，在距线声源 10 m 处测得噪声值为 90 dB，则 30 m 处的噪声值为（　　）dB。

    A．78　　　　　　B．81　　　　　　C．80.5　　　　　　D．85.2

    82．有一列 500 m 火车正在运行。若距铁路中心线 20 m 处测得声压级为 90 dB，距铁路中心线 40 m 处有一居民楼，则该居民楼的声压级是（　　）dB。

    A．87　　　　　　B．84　　　　　　C．80　　　　　　D．78

    83．有一列 500 m 火车正在运行。若距铁路中心线 600 m 处测得声压级为 70 dB，距铁路中心线 1 200 m 处有疗养院，则该疗养院的声压级是（　　）dB。

    A．67　　　　　　B．70　　　　　　C．64　　　　　　D．60

    84．有一列 600 m 火车正在运行。若距铁路中心线 250 m 处测得声压级为 65 dB，距铁路中心线 500 m 处有居民楼，则该居民楼的声压级是（　　）dB。

    A．62　　　　　　B．60.5　　　　　　C．59　　　　　　D．63

    85．距某一线声源 r 处的声级为 50 dB，$2r$ 处的声级为 47 dB，在 r 至 $2r$ 距离范围内该线声源可视作（　　）。

    A．点声源　　　　　　　　　　　　　　B．面声源

    C．有限长线声源　　　　　　　　　　　D．无限长线声源

    86．某车间一窗户面积为 20 m²，已知室内靠近窗户处的声压级为 90 dB，靠近窗户处的室内和室外声压级差为 15 dB，等效室外声源的声功率级应为（　　）。

    A．28 dB　　　　　　B．75 dB　　　　　　C．88 dB　　　　　　D．103 dB

    87．在计算噪声从室内向室外传播噪声衰减时，会使用到（　　），当该声压级难以测量时，将使用（　　）计算。

    A．A 声级　等效连续 A 声级　　　　　B．倍频带声压级　等效连续 A 声级

    C．总声压级　倍频带声压级　　　　　D．倍频带声压级　A 声级

    ▲（88～95 题根据以下内容回答）某印染企业位于 2 类区域，厂界噪声现状值和噪声源及离厂界东和厂界南的距离如表 1、表 2 所示，本题预测只考虑距离的衰减和建筑墙体的隔声量，空气吸收因本建设项目噪声源离预测点较近而忽略不计，考虑到各噪声源的距离，将噪声源化为点声源处理。计算公式如下：

$$L_r = L_W - 20 \lg r - 8 - TL$$

式中：L_r —— 距声源 r m 处的声压级，dB（A）；

L_W —— 声源源强，dB（A）；

r —— 距声源的距离，m；

TL —— 墙壁隔声量，dB（A）。TL 在本题中取 10 dB（A）。

表 1　某印染企业厂界噪声现状值

时段	测点位置	现状值/dB（A）
昼间	厂址东边界	59.8
	厂址南边界	53.7
夜间	厂址东边界	41.3
	厂址南边界	49.7

表 2　噪声源及离厂界距离

	声源设备名称	台数	噪声等级/dB（A）	厂界东/m	厂界南/m
车间 A	印花机	1 套	85	160	60
锅炉房	风机	3 台	90	250	60

88．锅炉房 3 台风机合成后噪声级（不考虑距离）是（　　　）dB（A）。

A．96.4　　　　B．94.8　　　　C．90　　　　D．97.6

89．不考虑背景值的情况下，厂界东的噪声预测值应为（　　　）dB（A）。

A．29　　　　B．28.8　　　　C．29.8　　　　D．22.9

90．不考虑背景值的情况下，厂界南的噪声预测值应为（　　　）dB（A）。

A．31.4　　　　B．41.2　　　　C．30.7　　　　D．41.6

91．叠加背景值后，厂界东昼间的噪声预测值是否超标？（　　　）

A．超标　　　　　　　　　　　B．达标

92．叠加背景值后，厂界南夜间的噪声预测值是否超标？（　　　）

A．超标　　　　　　　　　　　B．达标

93．由建设项目自身声源在预测点产生的声级为（　　　）。

A．贡献值　　　　　　　　　　B．背景值

C．预测值　　　　　　　　　　D．叠加值

94．不含建设项目自身声源影响的环境声级为（　　　）。

A．贡献值　　　　　　　　　　B．背景值

C．预测值　　　　　　　　　　D．叠加值

95．预测点的贡献值和背景值按能量叠加方法计算得到的声级为（　　　）。

A．贡献值　　　　　　　　　　B．背景值

C．预测值　　　　　　　　　　D．最大预测值

96．据《环境影响评价技术导则—生态影响》，当成图面积≥100 km² 时，一级生态影响评价的成图比例尺应（　　　）。

A．≥1：25 万   B．≥1：5 万

C．≥1：50 万   D．≥1：10 万

97．据《环境影响评价技术导则—生态影响》，当成图面积≥100 km² 时，二级生态影响评价的成图比例尺应（   ）。

A．≥1：25 万   B．≥1：5 万

C．≥1：50 万   D．≥1：10 万

98．据《环境影响评价技术导则—生态影响》，当成图面积≥100 km² 时，二级生态评价的成图比例尺应≥1：10 万，则三级生态影响评价的成图比例尺应（   ）。

A．≥1：25 万   B．≥1：5 万

C．≥1：50 万   D．≥1：10 万

99．据《环境影响评价技术导则—生态影响》，某拟建高速公路长度为 120 km，则该项目的生态评价成图比例尺应（   ）。

A．≥1：1 万   B．≥1：5 万

C．≥1：25 万   D．≥1：10 万

100．据《环境影响评价技术导则—生态影响》，某拟建高速公路长度为 40 km，如二级评价的生态评价成图比例尺应≥1：10 万，则三级评价成图比例尺应（   ）。

A．≥1：1 万   B．≥1：5 万

C．≥1：25 万   D．≥1：10 万

101．据《环境影响评价技术导则—生态影响》，根据建设项目的特点和受其影响的动、植物的生物学特征，依照生态学原理分析、预测工程生态影响的方法称为（   ）。

A．生产力法   B．生物多样性法

C．景观生态学法   D．生态机理分析法

102．据《环境影响评价技术导则—生态影响》，生态机理分析法是根据建设项目的特点和受其影响的动、植物的生物学特征，依照（   ）分析、预测工程生态影响的方法。

A．生态学原理   B．生命科学原理

C．景观学原理   D．生物学原理

103．据《环境影响评价技术导则—生态影响》，生态综合指数法评价公式 $\Delta E = \sum (Eh_i - Eh_{qi}) \times W_i$ 中 W_i 表示（   ）。

A．斑块 i 出现的样方数   B．群落的多样性指数

C．i 因子的权值   D．种数

104．据《环境影响评价技术导则—生态影响》，生态综合指数法评价公式

$\Delta E = \sum (Eh_i - Eh_{qi}) \times W_i$ 中 ΔE 表示（   ）。

A. 开发建设活动前后生物多样性变化值

B. 开发建设活动前后生态质量变化值

C. 开发建设活动后 i 因子的质量指标

D. 开发建设活动前 i 因子的质量指标

105. 据《环境影响评价技术导则—生态影响》，生态影响评价中,类比分析法是一种比较常用的（   ）评价方法。

A. 定量和半定量 　　　　　　　　B. 定性和半定量

C. 定性和定量 　　　　　　　　　D. 半定性和半定量

106. 据《环境影响评价技术导则—生态影响》，公式 $H = -\sum_{i=1}^{s} p_i \ln(p_i)$ 用以表达（   ）。

A. 丰富度指数 　　　　　　　　　B. 辛普森多样性指数

C. 优势度指数 　　　　　　　　　D. 香农-威纳指数

107. 按照水力侵蚀的强度分级，下列哪个侵蚀模数值属强度侵蚀？（   ）

A. 1 000～2 500 t/（km²·a） 　　　　B. 2 500～5 000 t/（km²·a）

C. 5 000～8 000 t/（km²·a） 　　　　D. 8 000～15 000 t/（km²·a）

108. 风蚀强度分级按植被覆盖度（%）、年风蚀厚度（mm）、侵蚀模数[t/（km²·a）]三项指标划分，以下三项指标属中度风蚀强度的是（   ）t/（km²·a）。

A. 70～50，2～10，200～2 500

B. 50～30，10～25，2 500～5 000

C. 10～30，25～50，5 000～8 000

D. <10，50～100，8 000～15 000

109. 土壤侵蚀模数为2 500～5 000 t/（km²·a）时，水土流失属于（   ）。

A. 轻度侵蚀 　　　　　　　　　　B. 中度侵蚀

C. 强度侵蚀 　　　　　　　　　　D. 极强度侵蚀

110. 土壤侵蚀强度以（   ）表示。

A. 土壤侵蚀模数[t/（m²·a）] 　　　B. 土壤容许流失量[t/（m²·a）]

C. 土壤侵蚀模数[t/（km²·a）] 　　　D. 植被覆盖度（mm）

111. 通用水土流失方程式 $A=R·K·L·S·C·P$ 中，A 表示（   ）。

A. 土壤侵蚀模数 　　　　　　　　B. 土壤容许流失量

C. 土壤侵蚀面积 　　　　　　　　D. 单位面积多年平均土壤侵蚀量

112．总磷负荷规范化公式 $TP = \dfrac{L_p / q_s}{1 + \sqrt{T_w}}$ 中的 L_p 表示（　　　）。

　　A．年面积水负荷　　　　　　　　　B．水力停留时间

　　C．单位面积年总磷负荷　　　　　　D．叶绿素

113．用营养物质负荷法预测富营养化时，当 TP 为 15 mg/m³ 时，湖泊富营养化等级为（　　　）。

　　A．富营养　　　　B．中营养　　　　C．贫营养　　　　　D．一般营养

114．用营养状况指数法预测富营养化时，当 TSI 为 35 时，湖泊富营养化等级为（　　　）。

　　A．富营养　　　　B．中营养　　　　C．贫营养　　　　　D．一般营养

115．一般认为春季湖水循环期间的总磷浓度在（　　　）以下时基本不发生藻花和降低水的透明度。

　　A．1 mg/m³　　　　B．2 mg/m³　　　　C．10 mg/m³　　　　D．20 mg/m³

116．表征土壤侵蚀强度的指标是（　　　）。

　　A．土壤侵蚀厚度　　　　　　　　　B．土壤侵蚀量

　　C．土壤侵蚀面积　　　　　　　　　D．土壤侵蚀模数

117．风力侵蚀强度分级指标有（　　　）。

　　A．植被覆盖度、年风蚀厚度、侵蚀模数

　　B．植被覆盖度、年风蚀厚度、土壤侵蚀面积

　　C．植被覆盖度、侵蚀模数、土壤侵蚀面积

　　D．侵蚀模数、年风蚀厚度、土壤侵蚀面积

118．通常，工业、矿业固体废物所含的成分经物理、化学、生物转化后会形成（　　　）污染。

　　A．物理物质型　　　B．化学物质型　　　C．辐射物质型　　　D．病原体型

119．通常，人畜粪便和有机垃圾所含的成分经物理、化学、生物转化后会形成（　　　）污染。

　　A．物理物质型　　　B．化学物质型　　　C．辐射物质型　　　D．病原体型

120．在陆地堆积或简单填埋的固体废物，经过雨水的浸渍和废物本身的分解，将会产生含有有害化学物质的（　　　），从而形成水污染。

　　A．渗滤液　　　　B．重金属　　　　C．有毒、有害气体　　　　D．有机体

121．固体废物堆放、贮存和处置场的污染物可以通过（　　　）方式释放到环境中。

　　A．固态　　　B．气态　　　C．液态　　　D．上述形态的一种或多种

122．堆放的固体废物产生的大气主要污染物是（　　　）。

A. 细微颗粒、粉尘、毒气、恶臭

B. 二氧化硫、二氧化氮、一氧化碳、氯气

C. 细微颗粒、粉尘、BOD_5、氨氮

D. 三氧化硫、一氧化二氮、二氧化碳、重金属

123. 下列哪个公式表达的是填埋场污染物迁移速度？（　　　）

A. $v = \dfrac{q}{\eta_e}$

B. $v' = \dfrac{v}{R_d}$

C. $v = C\sqrt{Ri}$

D. $v' = C\sqrt{Rv}$

124. 垃圾填埋场渗滤液通常可根据填埋场"年龄"分为两类，"年轻"填埋场的填埋时间在（　　　）年以下。

A. 2　　　　　B. 3　　　　　C. 4　　　　　D. 5

125. 一般情况，"年轻"填埋场的渗滤液的 pH（　　　），BOD_5 及 COD 浓度（　　　）。

A. 较高　较高　　B. 较低　较高　　C. 较高　较低　　D. 较低　较低

126. 城市垃圾填埋场产生的气体主要为（　　　）。

A. 氨气和一氧化碳　　　　　　　　B. 甲烷和二氧化碳

C. 甲烷和二氧化氮　　　　　　　　D. 氮气和氨气

127. 一般情况，"年老"填埋场的渗滤液的 pH（　　　），BOD_5 及 COD 浓度（　　　）。

A. 接近中性或弱碱性　较低　　　　B. 接近中性或弱碱性　较高

C. 接近酸性或弱酸性　较高　　　　D. 较低　较低

128. 一般情况，"年轻"填埋场的渗滤液的 BOD_5/COD 的比值（　　　）。

A. 中等　　　　B. 较低　　　　C. 较高　　　　D. 不能确定

129. 封场后的填埋场，植被恢复过程中种植于填埋场顶部覆盖层上的植物（　　　）受到污染。

A. 可能　　　　B. 不会　　　　C. 一定　　　　D. 严重

130. 填埋场渗滤液（　　　）可能会对地下水及地表水造成污染。

A. 泄漏　　　　　　　　　　　　　B. 处理不当

C. 重金属　　　　　　　　　　　　D. 泄漏或处理不当

131. 填埋场产生的气体排放对大气的污染、对公众健康的危害以及可能发生的（　　　）对公众安全有一定的威胁。

A. 燃烧　　　　B. 爆炸　　　　C. 泄漏　　　　D. 处理不当

132. 垃圾填埋场大气环境影响预测及评价的主要内容是（　　　）。

A. 释放气体对环境的影响　　　　　B. 恶臭对环境的影响

C．渗滤液对环境的影响　　　　　　　　D．释放气体及恶臭对环境的影响

133．垃圾填埋场的环评需对洪涝（　　　）产生的过量渗滤液以及垃圾释放气因物理、化学条件异变而产生的垃圾爆炸等进行风险事故评价。

　　A．正常年　　　　B．多年平均　　　　C．特征年　　　　D．五年平均

134．垃圾填埋场的环境质量现状评价方法一般是根据监测值与各种标准，采用（　　　）方法。

　　A．单因子和多因子综合评判　　　　　　B．单因子

　　C．多因子综合评判　　　　　　　　　　D．极值评判

二、不定项选择题（每题的备选项中至少有一个符合题意）

1．使用估算模式计算点源影响需要下列哪些点源参数？（　　　　）

　　A．点源排放速率（g/s）　　　　　　　B．排气筒几何高度（m）

　　C．排气筒出口内径（m）　　　　　　　D．排气筒出口处烟气排放速度（m/s）

　　E．排气筒出口处的烟气温度（K）

2．使用估算模式计算点源影响时，一般情况下，需输入下列哪些参数？（　　　　）

　　A．点源参数　　　　　　　　　　　　　B．气象数据

　　C．烟囱出口处的环境温度（K）　　　　D．计算点的高度

　　E．地形类型的选择

3．使用估算模式计算点源影响时，如选择了复杂地形，需输入哪些地形参数？（　　　）

　　A．主导风向上风向的计算点与源基底的相对高度（m）

　　B．主导风向下风向的计算点与源基底的相对高度（m）

　　C．主导风向上风向的计算点距源中心距离（m）

　　D．主导风向下风向的计算点距源中心距离（m）

4．使用估算模式计算点源影响时，如考虑建筑物下洗，需输入下列哪些下洗参数？（　　　）

　　A．建筑物高度（m）　　　　　　　　　B．建筑物宽度（m）

　　C．建筑物朝向　　　　　　　　　　　　D．建筑物长度（m）

5．使用估算模式计算面源影响时，需要下列哪些面源参数？（　　　　）

　　A．宽度（m）（矩形面源较短的一边）　B．面源排放速率［g/（s·m²）］

　　C．排放高度（m）　　　　　　　　　　D．计算点的高度

　　E．长度（m）（矩形面源较长的一边）

6．如项目污染源位于（　　　）可能导致岸边熏烟。

　　A．海岸　　　　B．河流岸边　　　　C．鱼塘岸边　　　　D．宽阔水体岸边

7. 大气环境影响预测计算点可分为（　　　）。

A. 预测范围内的网格点　　　　B. 区域地面下风向轴线浓度点

C. 区域最大地面浓度点　　　　D. 环境空气敏感区

8. 大气环境影响预测网格点可根据具体情况采用（　　　）网格。

A. 三维坐标　　B. 直角坐标　　C. 极坐标　　D. 以上都可以

9. 大气环境影响预测时，采用直角坐标网格的布点原则是（　　　）。

A. 网格等间距　　　　　　　　B. 径向等间距

C. 近密远疏法　　　　　　　　D. 近疏远密法

10. 大气环境影响预测时，采用极坐标网格的布点原则是（　　　）。

A. 横向等间距　　　　　　　　B. 径向等间距

C. 距源中心近密远疏法　　　　D. 距源中心近疏远密法

11. 大气环境影响预测时，如预测计算点距离源中心＞1 000 m，采用极坐标网格布点法，下列（　　　）网格距布置是合理的。

A. 500　　　　B. 600　　　　C. 700　　　　D. 150

12. 大气环境影响预测时，如预测计算点距离源中心≤1 000 m，采用直角坐标网格布点法，下列（　　　）网格间距布置是合理的。

A. 50　　　　B. 60　　　　C. 100　　　　D. 120

13. 污染型项目大气环境影响预测中应作为计算点的有（　　　）。

A. 网格点　　　　　　　　　　B. 最大地面浓度点

C. 居住区　　　　　　　　　　D. 学校

14. 在环境敏感点(区)分布图中标注污染源点位有助于选择（　　　）。

A. 监测因子　　　　　　　　　B. 预测因子

C. 环境质量现状监测点　　　　D. 预测计算点

15. 大气环境影响预测情景设定计算源项包括（　　　）。

A. 新增源项　　　　　　　　　B. 削减源项

C. 其他已建源项　　　　　　　D. 其他在建项目相关源项

16. 下列哪种污染类别，只需预测主要预测因子？（　　　）

A. 新增污染源的正常排放　　　B. 新增污染源的非正常排放

C. 削减污染源　　　　　　　　D. 被取代污染源

E. 其他在建、拟建项目相关污染源

17. 大气环境影响预测设定预测情景时，一般考虑下列哪些内容？（　　　）

A. 预测因子　　　　　　　　　B. 污染源类别

C. 排放方案　　　　　　　　　D. 气象条件

E. 计算点

18．对于新增污染源正常排放，常规预测内容包括（　　　）。

A．小时浓度　　　　　　　　　　B．日平均浓度

C．季均浓度　　　　　　　　　　D．年均浓度

19．对于新增污染源非正常排放，常规预测内容包括（　　　）。

A．小时浓度　　　　　　　　　　B．日平均浓度

C．季均浓度　　　　　　　　　　D．年均浓度

20．对于新增污染源正常排放，需预测的计算点有（　　　）。

A．环境空气保护目标　　　　　　B．网格点

C．区域最远地面距离　　　　　　D．区域最大地面浓度点

21．对于新增污染源非正常排放，需预测的计算点有（　　　）。

A．环境空气保护目标　　　　　　B．区域最大地面浓度点

C．区域最远地面距离　　　　　　D．网格点

22．对于削减污染源，常规预测内容包括（　　　）。

A．小时浓度　　　　　　　　　　B．日平均浓度

C．季均浓度　　　　　　　　　　D．年均浓度

23．对于被取代污染源，常规预测内容包括（　　　）。

A．小时浓度　　　　　　　　　　B．日平均浓度

C．季均浓度　　　　　　　　　　D．年均浓度

24．大气环境影响预测设定预测情景时，排放方案（除其他在建、拟建项目相关污染源外）一般包括（　　　）。

A．正常方案　　　　　　　　　　B．推荐方案

C．现有方案　　　　　　　　　　D．非正常方案

25．需预测小时浓度的污染源类别有（　　　）。

A．新增污染源的正常排放　　　　B．新增污染源的非正常排放

C．削减污染源　　　　　　　　　D．被取代污染源

E．拟建项目相关污染源

26．只需预测日平均浓度、年均浓度的污染源类别有（　　　）。

A．新增污染源的正常排放　　　　B．新增污染源的非正常排放

C．削减污染源　　　　　　　　　D．被取代污染源

E．其他在建、拟建项目相关污染源

27．只需预测环境空气保护目标计算点的污染源类别有（　　　）。

A．新增污染源的正常排放　　　　B．新增污染源的非正常排放

C．削减污染源　　　　　　　　　D．被取代污染源

E．其他在建、拟建项目相关污染源

28．大气环境影响预测设定预测情景时，排放方案分为（　　　）。

　　A．工程设计中现有排放方案

　　B．可行性研究报告中现有排放方案

　　C．评审专家所提出的推荐排放方案

　　D．环评报告所提出的推荐排放方案

29．在分析典型小时气象条件下，项目对环境空气敏感区和评价范围的最大环境影响时，应分析下列哪些内容？（　　　）

　　A．是否超标　　　　　　　　　　B．超标范围和程度

　　C．小时浓度超标概率　　　　　　D．小时浓度超标最大持续发生时间

　　E．超标位置

30．在分析典型日气象条件下，项目对环境空气敏感区和评价范围的最大环境影响时，应分析下列哪些内容？（　　　）

　　A．小时浓度超标概率　　　　　　B．超标位置

　　C．是否超标　　　　　　　　　　D．小时浓度超标最大持续发生时间

　　E．超标程度

31．在分析长期气象条件下，项目对环境空气敏感区和评价范围的环境影响时，应分析下列哪些内容？（　　　）

　　A．是否超标　　　　　　　　　　B．年均浓度超标概率

　　C．超标范围和程度　　　　　　　D．绘制预测范围内的浓度等值线分布图

　　E．超标位置

32．AERMOD 模式系统处理的点源参数包括（　　　）。

　　A．点源排放率（g/s）　　　　　　B．烟气温度（K）

　　C．烟囱高度（m）　　　　　　　　D．烟囱出口烟气排放速度（m/s）

　　E．烟囱出口内径（m）

33．运行 AERMOD 模型系统所需的最少测量或衍生的气象数据包括（　　　）。

　　A．常规气象数据　　　　　　　　B．风向与季节变化的地表特征数据

　　C．所在地经纬度、时区　　　　　D．所在地时区

　　E．风速仪的阈值、高度

34．运行 ADMS 模式系统输入的气象数据包括（　　　）。

　　A．风速（m/s）、风角（°）　　　B．地表温度（℃）

　　C．云盖度（oktas）　　　　　　　D．边界层高度（m）

　　E．横向扩散（°）

35．报告书中的大气污染源点位及环境空气敏感区分布图包括（　　　）。

　　A．项目污染源和评价范围内其他污染源分布图

B. 评价范围底图

C. 评价范围图

D. 主要环境空气敏感区分布图

E. 地面气象台站、探空气象台站分布图

36. 大气预测模型所有输入文件及输出文件（电子版）应包括（　　　）。

A. 气象输入文件　　　　　　　　B. 地形输入文件

C. 程序主控文件　　　　　　　　D. 预测浓度输出文件

E. 气象观测资料文件

37. 大气污染物浓度等值线分布图包括评价范围内（　　　）。

A. 长期气象条件下的浓度等值线分布图

B. 出现区域小时平均浓度最大值时所对应的浓度等值线分布图

C. 出现区域季平均浓度最大值时所对应的浓度等值线分布图

D. 出现区域日平均浓度最大值时所对应的浓度等值线分布图

E. 出现区域日平均浓度最小值时所对应的浓度等值线分布图

38. 对于大气环境一级评价项目，需附上（　　　）基本附图。

A. 污染物浓度等值线分布图　　　B. 复杂地形的地形示意图

C. 常规气象资料分析图　　　　　D. 基本气象分析图

E. 污染源点位及环境空气敏感区分布图

39. 对于大气环境三级评价项目，需附上（　　　）基本附图。

A. 污染物浓度等值线分布图　　　B. 复杂地形的地形示意图

C. 常规气象资料分析图　　　　　D. 基本气象分析图

E. 污染源点位及环境空气敏感区分布图

40. 对于大气环境二级评价项目，需附上（　　　）基本附图。

A. 污染物浓度等值线分布图　　　B. 复杂地形的地形示意图

C. 常规气象资料分析图　　　　　D. 基本气象分析图

E. 污染源点位及环境空气敏感区分布图

41. 对于大气环境二级评价项目，需附上（　　　）基本附表。

A. 采用估算模式计算结果表　　　B. 污染源调查清单

C. 环境质量现状监测分析结果　　D. 常规气象资料分析表

E. 环境影响预测结果达标分析表

42. 对于大气环境三级评价项目，需附上（　　　）基本附表。

A. 采用估算模式计算结果表　　　B. 污染源调查清单

C. 常规气象资料分析表　　　　　D. 环境质量现状监测分析结果

E. 环境影响预测结果达标分析表

43．对于大气环境一级、二级评价项目，需附上（　　　）基本附件。

A．环境质量现状监测原始数据文件　　　B．气象观测资料文件

C．预测模型所有输入文件及输出文件　　D．污染源调查清单

44．下列对于河流简化正确的描述是：（　　　）。

A．河流的断面宽深比≥20 时，可视为矩形河流

B．大中河流中，预测河段弯曲较大（如其最大弯曲系数＞1.3）时，可视为
平直河流

C．江心洲位于充分混合段，评价等级为一级时，可以按无江心洲对待

D．评价等级为三级时，江心洲、浅滩等均可按无江心洲、浅滩的情况对待

E．小河可以简化为矩形平直河流

45．水环境影响预测条件应确定下述内容：（　　　）。

A．筛选拟预测的水质参数　　　B．拟预测的排污状况

C．预测的设计水文条件　　　D．水质模型参数和边界条件（或初始条件）

E．选择确定预测方法

46．S-P 模型可用于预测　（　　　）。

A．COD　　　　　B．BOD　　　　　C．DO

D．NH_3-N　　　　　E．非持久性污染物

47．多参数优化法一般需要的数据是（　　　）。

A．各测点的位置和取样时间　　　B．各排放口的排放量、排放浓度

C．水质、水文数据　　　D．支流的流量及其水质

E．各排放口、河流分段的断面位置

48．以下耗氧系数 K_1 的单独估值方法有（　　　）。

A．实验室测定法　　　B．两点法

C．费希尔（Fischer）法　　　D．多点法

E．kol 法

49．零维水质模型的应用条件是（　　　）。

A．非持久性污染物　　　B．河流充分混合段

C．河流为恒定流动　　　D．废水连续稳定排放

E．持久性污染物

50．河流水质模型参数的确定方法有（　　　）。

A．水质数学模型率确定　　　B．现场实测

C．室内模拟实验测定　　　D．公式计算

E．经验估算

51．在使用示踪试验测定法确定混合系数时，所采用的示踪剂应满足如下条件

（　　　）。

　　A．使用量少

　　B．具有在水体中不沉降、不降解、不产生化学反应的特性

　　C．测定简单准确

　　D．经济、无害

　　E．应为无机盐类

52．筛选预测水质因子的依据有　（　　　）。

　　A．工程分析　　　　　　　　B．环境现状

　　C．评价等级　　　　　　　　D．当地的环保要求

　　E．项目敏感性

53．下列使用二维稳态混合模式的是（　　　）。

　　A．需要评价的河段小于河流中达到横向均匀混合的长度

　　B．需要评价的河段大于河流中达到横向均匀混合的长度（计算得出）

　　C．大中型河流，横向浓度梯度明显

　　D．非持久性污染物完全混合段

　　E．持久性污染物完全混合段

54．据《环境影响评价技术导则—地下水环境》，地下水环境影响预测应考虑的重点区域包括（　　　）。

　　A．地下水环境影响的敏感区域

　　B．主要污水排放口和固体废物堆放处的地下水上游区域

　　C．已有、拟建和规划的地下水供水水源区

　　D．可能出现环境水文地质问题的主要区域

　　E．其他需要重点保护的区域

55．据《环境影响评价技术导则—地下水环境》，下列（　　　）属地下水环境影响预测应考虑的重点。

　　A．规划的地下水供水水源区

　　B．地下水环境影响的重要湿地

　　C．地下水可能出现的土壤次生盐渍化区域

　　D．固体废物堆放处的地下水下游区域

56．据《环境影响评价技术导则—地下水环境》，建设项目地下水环境影响预测方法包括（　　　）。

　　A．数学模型法　　　　　　　B．专业判断法

　　C．物理模型法　　　　　　　D．类比预测法

57．据《环境影响评价技术导则—地下水环境》，下列（　　　）属建设项目地

下水环境影响预测数学模型法。

A．数值法   B．解析法

C．均衡法   D．时序分析

58．据《环境影响评价技术导则—地下水环境》，关于不同地下水环境影响评价等级应采用的预测方法，说法正确的是（   ）。

A．一级评价中水文地质条件简单时可采用解析法

B．二级评价中水文地质条件复杂时应采用数值法

C．二级评价中,水文地质条件简单时可采用解析法

D．三级评价可采用回归分析、趋势外推、时序分析或类比预测法

59．据《环境影响评价技术导则—地下水环境》，地下水预测采用数值法或解析法预测时，应先进行（   ）。

A．参数识别   B．模型验证

C．适用条件判断   D．地质条件判断

60．据《环境影响评价技术导则—地下水环境》，地下水采用解析模型预测污染物在含水层中的扩散时，一般应满足（   ）。

A．预测区内含水层的基本参数变化较大

B．污染物的排放对地下水流场有明显的影响

C．污染物的排放对地下水流场没有明显的影响

D．预测区内含水层的基本参数不变或变化很小

61．据《环境影响评价技术导则—地下水环境》，地下水采用类比预测分析法时，类比分析对象与拟预测对象之间应满足（   ）。

A．二者的环境水文地质条件相似

B．二者的环境水动力场条件相似

C．二者的敏感保护目标相似

D．二者的工程特征及对地下水环境的影响具有相似性

62．据《环境影响评价技术导则—地下水环境》，用经验数值确定建设项目引起的地下水水位变化区域半径是根据（   ）进行判定。

A．污染物渗透系数   B．包气带的岩性

C．潜水厚度或承压水厚度   D．涌水量

63．据《环境影响评价技术导则—地下水环境》，地下水流解析法的适用条件是（   ）。

A．含水层几何形状规则   B．方程式简单

C．边界条件单一   D．边界条件复杂

64．有机污染物在包气带中主要以（   ）存在，而且绝大多数有机污染物都

属于挥发性有机污染物。

    A．挥发态   B．自由态   C．溶解态   D．固态

65．重金属在包气带中也存在迁移的过程，迁移形式主要是（   ）。

    A．物理迁移   B．化学迁移   C．生物迁移   D．自然迁移

66．为分析拟建项目对地下潜水层的污染，应关注（   ）。

    A．污染途径   B．选址合理性

    C．包气带特性   D．防渗措施

67．渗透系数与哪些因素有关？（   ）

    A．粒度成分   B．颗粒排列

    C．流体的黏滞性   D．颗粒形状

68．地下水的污染途径类型有（   ）。

    A．间歇入渗型   B．连续入渗型

    C．越流型   D．经流型

69．防止污染物进入地下水含水层的主要措施有（   ）。

    A．防止土壤污染   B．工矿企业的合理布局

    C．严禁用渗井排放污水   D．合理选择废物堆放场所

    E．固体废物堆放场底应做防渗处理

70．下列哪些措施可以防止污染地下水？（   ）

    A．限制地下水开采   B．建立卫生防护带

    C．进行地下水水质动态监测   D．减少"三废"排放量

    E．利用工程措施预防

71．地下水污染物的防治措施有（   ）。

    A．地下水分层开采   B．划定饮用水地下水源保护区

    C．工程防渗措施   D．合理规划布局

    E．改进生产工艺

72．地下水污染物的清除与阻隔措施有（   ）。

    A．地下水分层开采   B．屏蔽法

    C．抽出处理法   D．地下反应墙

73．在声环境预测过程中遇到的声源往往是复杂的，需根据（   ）把声源简化成点声源，或线声源，或面声源。

    A．声源的地理位置   B．声源的性质

    C．预测点与声源之间的距离   D．设备的型号、种类

74．在下列（   ）情况下，声源可当做点声源处理。

    A．预测点离开声源的距离比声源本身尺寸大得多时

　　B. 声源中心到预测点之间的距离超过声源最大几何尺寸 2 倍时

　　C. 声波波长远远小于声源几何尺寸

　　D. 声波波长远远大于声源几何尺寸

75. 对于等声级线图绘制，正确的说法是（　　　　）。

　　A. 等声级线的间隔不大于 5 dB

　　B. 等声级线的间隔不大于 10 dB

　　C. 对于 L_{eq}，最低可画到 35 dB，最高可画到 75 dB 的等声级线

　　D. 对于 WECPNL，一般应有 70 dB、75 dB、80 dB、85 dB 的等值线

　　E. 对于 L_{eq}，一般需对应项目所涉及的声环境功能区的昼夜间标准值要求

76. 据《环境影响评价技术导则—生态影响》，下列（　　　　）不属于生态影响二级评价中的基本图件。

　　A. 地表水系图　　　　　　　　B. 典型生态保护措施平面布置示意图

　　C. 植被类型图　　　　　　　　D. 生态监测布点图

　　E. 土地利用现状图

77. 据《环境影响评价技术导则—生态影响》，下列（　　　　）不属于生态影响三级评价中的基本图件。

　　A. 土地利用或水体利用现状图　　B. 典型生态保护措施平面布置示意图

　　C. 工程平面图　　　　　　　　D. 主要评价因子的评价成果和预测图

　　E. 特殊生态敏感区和重要生态敏感区空间分布图

78. 据《环境影响评价技术导则—生态影响》，下列（　　　　）属于生态影响各级评价中的基本图件。

　　A. 项目区域地理位置图　　　　B. 典型生态保护措施平面布置示意图

　　C. 工程平面图　　　　　　　　D. 地表水系图

　　E. 土地利用现状图

79. 据《环境影响评价技术导则—生态影响》，下列（　　　　）属于生态影响一级评价中的推荐图件。

　　A. 生态监测布点图　　　　　　B. 水文地质图

　　C. 地表水系图　　　　　　　　D. 植被类型图

　　E. 动植物资源分布图

80. 据《环境影响评价技术导则—生态影响》，下列（　　　　）属于生态影响二级评价中的推荐图件。

　　A. 土地利用现状图　　　　　　B. 植被类型图

　　C. 地表水系图　　　　　　　　D. 生态功能分区图

　　E. 主要评价因子的评价成果和预测图

81. 据《环境影响评价技术导则—生态影响》，下列（　　　）属于生态影响一、二级评价中的基本图件。

A. 特殊生态敏感区和重要生态敏感区空间分布图

B. 主要评价因子的评价成果和预测图

C. 生态监测布点图

D. 地表水系图

E. 典型生态保护措施平面布置示意图

82. 据《环境影响评价技术导则—生态影响》，下列（　　　）属于生态影响三级评价中的推荐图件。

A. 土地利用现状图　　　　　　B. 植被类型图

C. 地表水系图　　　　　　　　D. 地形地貌图

E. 关键评价因子的评价成果图

83. 据《环境影响评价技术导则—生态影响》，下列关于生态影响评价制图的基本要求和方法，说法正确的是（　　　）。

A. 生态影响评价制图的工作精度一般不低于工程可行性研究制图精度

B. 当涉及敏感生态保护目标时，应分幅单独成图，以提高成图精度

C. 生态影响评价图件应符合专题地图制图的整饰规范要求

D. 当成图范围过小时，可采用点线面相结合的方式，分幅成图

84. 据《环境影响评价技术导则—生态影响》，生态影响评价图件中的专题地图应包括（　　　）、图名、成图时间等要素。

A. 比例尺　　　　　　　　　　B. 方向标

C. 图例　　　　　　　　　　　D. 注记

E. 制图数据源

85. 据《环境影响评价技术导则—生态影响》，在进行生态机理分析法时，下列（　　　）是需要做的。

A. 识别有无珍稀濒危物种及重要经济、历史、景观和科研价值的物种

B. 调查环境背景现状和搜集工程组成和建设等有关资料

C. 调查植物和动物分布，动物栖息地和迁徙路线

D. 监测项目建成后该地区动物、植物生长环境的变化

86. 据《环境影响评价技术导则—生态影响》，在进行生态机理分析法时，下列（　　　）是需要做的。

A. 调查环境背景现状和搜集工程组成和建设等有关资料

B. 根据调查结果分别对植物或动物种群、群落和生态系统进行分析

C. 预测项目对动物和植物个体、种群和群落的影响，并预测生态系统演替方向

D. 种群源的持久性和可达性分析

87. 据《环境影响评价技术导则—生态影响》，生态机理分析法可以预测（　　）。

　　A. 项目对动物个体、种群和群落的影响

　　B. 项目对生态系统功能的评价

　　C. 项目对植物个体、种群和群落的影响

　　D. 生态系统演替方向

88. 据《环境影响评价技术导则—生态影响》，关于生态机理分析法的说法，下列说法正确的是（　　）。

　　A. 该方法不能预测生态系统演替方向

　　B. 该方法无需与其他学科合作评价，就能得出较为客观的结果

　　C. 该方法需与生物学、地理学及其他多学科合作评价，才能得出较为客观的结果

　　D. 评价过程中有时要根据实际情况进行相应的生物模拟试验

89. 据《环境影响评价技术导则—生态影响》，生态影响评价中，指数法可应用于（　　）。

　　A. 生态系统功能评价

　　B. 生态多因子综合质量评价

　　C. 生态因子单因子质量评价

　　D. 生物多样性评价

90. 据《环境影响评价技术导则—生态影响》，生态影响评价中，关于指数法评价的说法，正确有是（　　）。

　　A. 单因子指数法可评价项目建设区的植被覆盖现状情况

　　B. 单因子指数法不可进行生态因子的预测评价

　　C. 综合指数法需根据各评价因子的相对重要性赋予权重

　　D. 综合指数法中对各评价因子赋予权重有一定难度，带有一定的人为因素

91. 据《环境影响评价技术导则—生态影响》，生态影响评价中，下列（　　）是综合指数法评价要求做的。

　　A. 分析研究评价的生态因子的性质及变化规律

　　B. 建立表征各生态因子特性的指标体系

　　C. 确定评价标准

　　D. 建立评价函数曲线

　　E. 根据各评价因子的相对重要性赋予权重

92. 据《环境影响评价技术导则—生态影响》，生态影响评价中，综合指数法需建立评价函数曲线，对于无明确标准的生态因子，须根据（　　）选择相应的环境质量标准值，再确定上、下限。

　　A．评价目的　　　　　　　　　B．评价要求

　　C．评价依据　　　　　　　　　D．环境特点

93．据《环境影响评价技术导则—生态影响》，生态影响评价中，类比分析法可应用于（　　　）。

　　A．进行生态影响识别和评价因子筛选

　　B．以原始生态系统作为参照，可评价目标生态系统的质量

　　C．进行生态影响的定量分析与评价

　　D．进行某一个或几个生态因子的影响评价

　　E．预测生态问题的发生与发展趋势及其危害

94．据《环境影响评价技术导则—生态影响》，生态影响评价中，类比分析法可应用于（　　　）。

　　A．确定环保目标和寻求最有效、可行的生态保护措施

　　B．预测生态问题的发生与发展趋势及其危害

　　C．进行生态影响的定性分析与评价

　　D．以原始生态系统作为参照，可评价目标生态系统的质量

95．据《环境影响评价技术导则—生态影响》，生态影响评价中，类比分析法类比对象的选择条件是（　　　）。

　　A．工程投资与拟建项目基本相当

　　B．工程性质、工艺和规模与拟建项目基本相当

　　C．生态因子相似

　　D．项目建成已有一定时间，所产生的影响已基本全部显现

96．据《环境影响评价技术导则—生态影响》，关于香农-威纳指数公式 $H = -\sum_{i=1}^{s} p_i \ln(p_i)$ ，下列参数说法正确的是（　　　）

　　A．H 为群落的多样性指数

　　B．H 为种群的多样性指数

　　C．p_i 为样品中属于第 i 种的个体比例

　　D．S 为种数

97．风蚀强度分级按（　　　）三项指标划分。

　　A．植被覆盖度（％）　　　　　　B．年风蚀厚度（mm）

　　C．侵蚀模数[t/（km²·a）]　　　　D．生物量

98．为便于分析和采取对策，要将生态影响划分为（　　　）。

　　A．有利影响和不利影响　　　　　B．可逆影响与不可逆影响

　　C．近期影响与长期影响　　　　　D．人为影响与自然影响

E．局部影响与区域影响

99．采用侵蚀模数预测水土流失时，常用方法包括（　　　）。

A．已有资料调查法　　　　　　　B．现场调查法

C．水文手册查算法　　　　　　　D．数学模型法

E．物理模型法

100．采用景观生态学法进行生态影响预测评价时，下列哪些说法是正确的？
（　　　）

A．通过空间结构、功能及稳定性分析评判生态环境质量

B．合理的景观结构有助于提高生态系统功能

C．空间结构分析基于景观是高于生态系统的系统，是一个可度量的单位

D．物种优势度由物种频度、景观破碎度、斑块面积参数计算

E．景观生态学法多用于区域或特大型建设项目的生态环境影响评价

101．通用水土流失方程式 $A=R \cdot K \cdot L \cdot S \cdot C \cdot P$ 中的计算因子是（　　　）。

A．降雨侵蚀力因子　　　　　　　B．土壤可蚀性因子

C．气象因子　　　　　　　　　　D．坡长和坡度因子

E．水土保持措施因子

102．关于水体富营养化的说法，正确的是（　　　）。

A．富营养化是一个动态的复杂过程

B．富营养化只与水体磷的增加相关

C．水体富营养化主要指人为因素引起的湖泊、水库中氮、磷增加对其水生生
　　态产生不良的影响

D．水体富营养化与水温无关

E．富营养化与水体特征有关

103．在稳定状况下，湖泊总磷的浓度与（　　　）因子有关。

A．湖泊水体积　　　　　　　　　　B．湖水深度

C．输入与输出磷　　　　　　　　　D．年出湖水量

E．湖泊海拔

104．风力侵蚀的强度分级按（　　　）指标划分。

A．植被覆盖度　　B．年风蚀厚度　　C．生物生产量　　D．侵蚀模数

105．表达水土流失的定量指标有（　　　）。

A．侵蚀模数　　B．侵蚀类型　　　C．侵蚀面积　　D．侵蚀量

106．Carlson 的营养状况指数法预测富营养化，其认为湖泊中总磷与（　　　）
之间存在一定的关系。

A．年出湖水量　　B．透明度　　　C．输入与输出磷　　D．叶绿素 a

107. 固体废物按其污染特性可分为（　　　）。

A. 农业固体废物　　　　　　　　B. 一般废物

C. 工业固体废物　　　　　　　　D. 危险废物

E. 城市固体废物

108. 固体废物按其来源可分为（　　　）。

A. 农业固体废物　　　　　　　　B. 工业固体废物

C. 一般废物　　　　　　　　　　D. 危险废物

E. 城市固体废物

109. 固体废物填埋场渗滤液来源有（　　　）。

A. 降水　　　　　　　　　　　　B. 地表水

C. 地下水　　　　　　　　　　　D. 填埋场中的废物含有的水

110. 固体废物填埋场污染物在衬层和包气带土层中的迁移速度受下列哪些因素的影响？（　　　）

A. 地下水的运移速度　　　　　　B. 地表径流的运移速度

C. 土壤堆积容重　　　　　　　　D. 土壤—水体系中的吸附平衡系数

E. 多孔介质的有效空隙度

111. 固体废物可以通过（　　　）危害人类健康。

A. 大气环境　　　　　　　　　　B. 食物链

C. 声环境　　　　　　　　　　　D. 土壤环境

E. 水环境

112. 下列关于固体废物致人疾病途径的说法，正确的是（　　　）。

A. 处置堆存填埋固体废物可以通过地下水的间接饮用使人致病

B. 污水处理厂的污泥作为肥料通过农作物可使人致病

C. 固体废物的堆肥产品通过农作物可使人致病

D. 固体废物的焚烧产生的二次污染物可使人致病

E. 固体废物直接倒入江河湖泊影响水生生物，食用水生生物后可使人致病

113. 一般情况，下列哪些属于"年轻"填埋场的渗滤液的水质特点？（　　　）

A. 各类重金属离子浓度较高　　　　　B. BOD_5 及 COD 浓度较低

C. pH 较低　　　　　　　　　　　　D. 色度大

E. BOD_5/COD 的比值较低

114. 城市垃圾填埋场产生的气体主要为（　　　）。

A. 氨气　　　B. 二氧化碳　　　C. 硫化物　　　D. 氮气　　　E. 甲烷

115. 下列关于垃圾填埋场产生的气体，说法错误的有（　　　）。

A. 接受工业废物的垃圾填埋场产生的气体中可能含有微量挥发性有毒气体

B. 城市垃圾填埋场产生的气体主要为甲烷和二氧化碳

C. 垃圾填埋场产生的微量气体很小，成分也不多

D. 城市垃圾填埋场产生的气体主要为氮气和氨气

116. 一般情况，属"年老"填埋场的渗滤液的水质特点的是（　　　）。

A. 各类重金属离子浓度开始下降　　　B. BOD_5 及 COD 浓度较低

C. pH 接近中性或弱碱性　　　　　　D. NH_4^+-N 的浓度较高

E. BOD_5/COD 的比值较高

117. 下列关于运行中的垃圾填埋场对环境的主要影响，说法正确的有（　　　）。

A. 流经填埋场区的地表径流可能受到污染

B. 填埋场孳生的昆虫、啮齿动物以及在填埋场的鸟类和其他动物可能传播疾病

C. 填埋场工人生活噪声对公众产生一定的影响

D. 填埋作业及垃圾堆体可能造成滑坡、崩塌、泥石流等地质环境影响

E. 填埋场产生的气体排放可能发生的爆炸对公众安全的威胁

118. 下列关于运行中的垃圾填埋场对环境的主要影响，说法正确的有（　　　）。

A. 填埋场的存在对周围景观没有不利影响

B. 填埋场垃圾中的塑料袋、纸张以及尘土等在未来得及覆土压实情况下可能飘出场外，造成环境污染和景观破坏

C. 填埋场渗滤液泄漏或处理不当对地下水及地表水造成污染

D. 填埋场产生的气体排放对大气产生污染、对公众健康有一定的危害

E. 填埋场机械噪声对公众有一定的影响

119. 垃圾填埋场水环境影响预测与评价的主要工作内容有（　　　）。

A. 正常排放对地表水的影响　　　　　B. 正常排放对地下水的影响

C. 非正常渗漏对地下水的影响　　　　D. 非正常渗漏对地表水的影响

120. 垃圾填埋场场址选择评价的重点是场地的（　　　）。

A. 工程的区位条件　　　　　　　　　B. 水文地质条件

C. 工程地质条件　　　　　　　　　　D. 土壤自净能力

121. 垃圾填埋场大气环境影响预测及评价的主要内容是（　　　）。

A. 释放气体对环境的影响　　　　　　B. 机械噪声、振动对环境的影响

C. 渗滤液对环境的影响　　　　　　　D. 恶臭对环境的影响

122. 垃圾填埋场污染防治措施主要内容包括（　　　）。

A. 除尘脱硫措施

B. 减振防噪措施

C. 渗滤液的治理和控制措施以及填埋场衬里破裂补救措施

D. 释放气的导排或综合利用措施以及防臭措施

123. 垃圾焚烧厂的废气产生的主要污染物有（   ）。

A. 粉尘（颗粒物）　　　　　　B. 酸性气体（HCl、HF、SO_x 等）

C. 重金属（Hg、Pb、Cr 等）　　D. 二噁英

E. 恶臭气体

参考答案

一、单项选择题

1. A

2. D　【解析】等效排气筒虽然在新的大气导则中没有此方面的要求，但笔者认为仍属技术方法的内容。据《大气污染物综合排放标准》（GB 16297—1996），两个排放相同污染物（不论其是否由同一生产工艺过程产生）的排气筒，若其距离小于其几何高度之和，应合并视为一根等效排气筒。若有三根以上的近距离排气筒，且排放同一种污染物时，应以前两根的等效排气筒，依次与第三根、第四根排气筒取等效值，等效排气筒的有关参数按下式公式计算：

等效排气筒污染物排放速率计算公式：

$$Q = Q_1 + Q_2$$

式中：Q —— 等效排气筒某污染物排放速率，kg/h；

Q_1，Q_2 —— 等效排气筒 1 和排气筒 2 的某污染物的排放速率，kg/h。

等效排气筒高度计算公式：

$$h = \sqrt{\frac{1}{2}(h_1^2 + h_2^2)}$$

式中：h —— 等效排气筒高度，m；

h_1，h_2 —— 排气筒 1 和排气筒 2 的高度，m。

3. C　【解析】$h = \sqrt{\frac{1}{2}(24^2 + 30^2)} = \sqrt{738} \approx 27.2$

4. B　【解析】要判断本题的答案，首先要知道 SO_2、NO_2 小时平均浓度二级标准值（$0.5\ mg/m^3$ 和 $0.24\ mg/m^3$），其次要知道占标率的计算公式。

5. D　6. C　7. A　8. A　9. B　10. D　11. C

12. A　【解析】选项 BCD 只需预测主要因子。

13. B　14. A

15. C　【解析】常规预测情景组合中，不管是哪类污染源，除年均浓度外，

小时浓度、日平均浓度的预测都是最大值。虽然在所列的常规预测情景组合表中没有明确，但从导则"大气环境影响预测分析与评价"的内容可知，小时浓度、日平均浓度的预测是最大值，而不是平均值。

16. A　17. D

18. C　【解析】此题是一个应用题。对环境空气敏感区的环境影响分析，应考虑其预测值+同点位处的现状背景值的最大值，即 0.1+0.25=0.35 mg/m³；对最大地面浓度点的环境影响分析，应考虑预测值+现状背景值的平均值，即 0.2+0.20=0.40（mg/m³）。

19. B　【解析】若评价范围内还有其他在建项目、已批复环境影响评价文件的拟建项目，也应考虑其建成后对评价范围的共同影响。

20. C　【解析】建成后的小时浓度值=0.10 + 0.35 − 0.05=0.40 mg/m³，二类区执行二级标准，SO_2 小时浓度二级标准为 0.50 mg/m³，达标。

21. D　【解析】建成后的小时浓度值=0.05 + 0.10 − 0.05+0.10=0.20 mg/m³，二类区执行二级标准，NO_2 小时浓度二级标准为 0.24 mg/m³，达标。

22. D　23. A　24. C　25. B

26. B　【解析】HJ 2.2—2008 对典型小时气象条件下、典型日气象条件下、长期气象条件下都仅要求对"评价范围内"绘制相应的浓度等值线分布图。如果还要求对"环境空气敏感区"绘制相应的浓度等值线分布图，则附图的内容太多了，HJ 2.2—2008 考虑了此因素。

27. A　28. A　29. C　30. B　31. B　32. A　33. C　34. A　35. B　36. A

37. D　【解析】耗氧系数 K_1 的单独估值方法有实验室测定法、两点法、多点法、kol 法；复氧系数 K_2 的单独估值方法有欧康那-道宾斯公式、欧文斯等人经验式、丘吉尔经验式。

38. B

39. A　【解析】所有建设项目均应预测生产运行阶段对地面水环境的影响。该阶段的地面水环境影响应按正常排放和不正常排放两种情况进行预测。

40. B　【解析】按公式 $c = \dfrac{c_p Q_p + c_h Q_h}{Q_p + Q_h}$ 计算。

41. D　【解析】按完全混合模型公式计算初始浓度，一维稳态计算断面浓度。

42. C　【解析】

（1）计算河流流量。

$$Q_p = v \times W \times h = 0.61 \times 12.5 \times 0.58 = 4.42（m^3/s）$$

c_p=400（mg/L），c_h=1 500（mg/L），Q_h=2.56（m³/s）

（2）据完全混合模式计算混合后的浓度。

$$c_0 = \frac{c_p Q_p + c_h Q_h}{Q_p + Q_h} = \frac{400 \times 4.42 + 1\,500 \times 2.56}{4.42 + 2.56} = 803.4 \ (\text{mg/L})$$

43. D　【解析】（1）计算排放点完全混合后的初始浓度。

$$c_0 = \frac{c_p Q_p + c_h Q_h}{Q_p + Q_h} = \frac{0.8 \times 6.5 + 40 \times 0.25}{6.5 + 0.25} = 2.25 \ (\text{mg/L})$$

（2）计算下游 15 km 处的苯酚浓度。

$$c = c_0 \cdot \exp\left(\frac{-Kx}{86\,400u}\right) = 2.25 \times \exp\left(\frac{-0.25 \times 15\,000}{86\,400 \times 0.4}\right) = 2.25 \times 2.718^{-0.108\,5} = 2.02 \ (\text{mg/L})$$

（3）两点说明：d^{-1} 是 K 单位。苯酚是非持久性污染物，可套用河流一维模式。

44. A　【解析】

$$l_{岸边} = \frac{(0.4B - 0.6a)Bu}{(0.058H + 0.006\,5B)\sqrt{gHi}} = \frac{(0.4 \times 100 - 0.6 \times 0) \times 100 \times 0.5}{(0.058 \times 2 + 0.006\,5 \times 100) \times \sqrt{9.8 \times 2 \times 0.000\,5}}$$
$$= 26\,374.7(\text{m})$$

$$l_{中心} = \frac{(0.4B - 0.6a)Bu}{(0.058H + 0.006\,5B)\sqrt{gHi}} = \frac{(0.4 \times 100 - 0.6 \times 50) \times 100 \times 0.5}{(0.058 \times 2 + 0.006\,5 \times 100) \times \sqrt{9.8 \times 2 \times 0.000\,5}}$$
$$= 6\,593.7 \ (\text{m})$$

45. B　46. A

47. B　【解析】为了保证 3 个城市所有功能区达标，则都需满足Ⅲ类水体的限值（0.05 mg/L），则最大允许负荷为：$0.05 \ \text{mg/L} \times 10 \ \text{m}^3/\text{s} = 0.50 \ \text{g/s}$。从做题的技巧来看，不需要再转换单位，答案中只有 B 选项有 "5" 这个数。

48. B　【解析】2009 年考题。TSI 是 trophic state index 的缩写。Carlson 根据透明度、叶绿素 a、总磷、COD 等单项指标间的相关性建立的综合指标，用来评价湖库富营养化水平。

49. A　【解析】在潮汐河流中，最重要的质量输移是水平输移。虽然存在垂向输移，但与水平输移相比较是较小的。因此，在浅水或受风和波浪影响很大的水体，在描述水动力学特征和水质组分的输移时，通常忽略垂向输移；在很多情况下，横向输移也是可以忽略的，此时，可以用一维模型来描述纵向水动力学特性和水质组分的输移。

50. B　51. D　52. B　53. D　54. C　55. A　56. C　57. B　58. A　59. C　60. B　61. C

62. D　【解析】土壤盐渍化、沼泽化、湿地退化、土地荒漠化、地面沉降、地裂缝、岩溶塌陷：根据地下水水位变化速率、变化幅度、水质及岩性等分析其发展的趋势。

63．A　64．C　65．A　66．B　67．D　68．C

69．B　【解析】此题是一个噪声级（分贝）的相加问题。用公式法相加。

$L = 10\lg(10^{84/10} + 10^{82/10} + 10^{86/10} + 10^{89/10}) = 10\lg 1\ 602\ 113\ 367.7 = 92$（dB）

70．C　【解析】吊扇单独工作时声压级为：

$L_1 = 20\lg\dfrac{0.002}{2\times10^{-5}} = 20\times2 = 40\,dB$；电冰箱声压级 $L_2 = 46\,dB$；$L_2 - L_1 = 6\,dB$，所以 $\Delta L = 1\,dB$；则两者同时工作时 $L = 46 + 1 = 47\,dB$

71．D　【解析】由于 $73 - 72 = 1\,dB$，则另一声源声压级 $= 72 - 6 = 66\,dB$。

72．C

73．B　【解析】据点声源衰减公式 $\Delta L = 20\lg(r/r_0)$，$100 - 60 = 20\lg(r/1)$，$r = 100\,m$。

74．A　75．D

76．C　【解析】根据题中给的条件按点源处理。$L(30) = L(3) - 20\lg(30/3) = 85 - 20\times1 = 65\,dB$。

77．D　【解析】要达标，则衰减值应为 $30\,dB$，$30 = 20\lg(r/3)$，$r \approx 95\,m$。

78．C　【解析】此题是一个噪声级（分贝）的相加问题。有两种方法解此题，一种是通过查表法，查表法在考试时不提供，但有两个数字是需记住，一是声压级差为 0 时（相同的声压级），增值 $3\,dB$；二是两声压级差为 6 时，增值 $1\,dB$，从题中可知只有 C 选项符合题干。另一种是用公式法计算。

$L = 10\lg(10^{66/10} + 10^{60/10}) = 10\lg(10^{6.6} + 10^6) = 10\lg 4\ 981\ 071.7 = 67$（dB）

79．C　【解析】根据点声源衰减公式计算，

$20\lg r_1/r_2 = 20\lg 10/30 = -20\lg3 = -9.5\,dB$。

80．A　【解析】2009 年考题。球磨机、水泵发出的噪声贡献值相加后为 45 dB(A)，与 60 dB(A) 相差较大，因此，采取的噪声控制措施主要针对风机排气，可以排除 C 和 D 选项。引风机排气口为室外声源，加消声器效果更佳。

81．D　【解析】当 $r/l < 1/10$ 时，可视为无限长线声源，其计算公式为：$10\lg r_1/r_2 = 10\lg 10/30 = -10\lg3 = -4.8\,dB$。

82．A　【解析】该题是一个有限长线声源的题目。按《环境影响评价技术导则—声环境》有三种简化计算方式。当 $r < l_0/3$ 且 $r_0 < l_0/3$ 时，按无限长线声源处理。此题 $20 < 500/3$ 且 $40 < 500/3$，因此可按无限长线声源衰减公式计算：居民楼的声压级 $L_p(40) = L_p(20) - 10\lg(40/20) = 90 - 3 = 87\,dB$。

83．C　【解析】该题也是一个有限长线声源的题目。按《环境影响评价技术导则—声环境》，当 $r > l_0$ 且 $r_0 > l_0$ 时，按点声源处理。此题 $600 > 500$ 且 $1\ 200 > 500$，

因此可按点声源衰减公式计算：该疗养院的声压级 L_p（1 200）=L_p（600）－20×lg（1 200/600）=70－6=64 dB。

84．B　【解析】该题也是一个有限长线声源的题目。按《环境影响评价技术导则—声环境》，当 $l_0/3 < r < l_0$ 且 $l_0/3 < r_0 < l_0$ 时，按 L_p（r）= L_p（r_0）－15 lg（r/r_0）计算。此题 600/3 < 250 < 600 且 600/3 < 500 < 600，因此可按上述公式计算：该居民楼的声压级 L_p（500）=L_p（250）－15lg（500/250）=65－4.5=60.5 dB。

85．D　【解析】2 r 处比 r 处衰减值为 3 dB，符合无限长线声源的计算公式。

86．C　【解析】$L_{w2}=L_2$（T）+10 lg$S$=90－15+10 lg20=88 dB(A)。

87．D　88．B　89．C　90．D　91．B

92．A　【解析】88～92题。

第一步：据噪声合成公式（此公式是要记住的）计算合成声压级：

$$L_{P_T} = 10 \lg\left(\sum_{i=1}^{n} 10^{L_{P_i}/10}\right)$$（跟参考教材是一样的，只是表达不同）

式中：L_{P_T}——某预测点叠加后的总声压级，dB（A)；

L_{P_i}—— i 声源对某预测点的贡献声压级，dB（A)。

此题只是计算锅炉房3台风机合成后的贡献噪声级。

表3　新增设备噪声等级及合成声压级

噪声源	声源设备名称	台数	噪声等级/dB（A）	合成声压级/dB（A）
车间A	印花机	1套	85	85
锅炉房	风机	3台	90	94.77

第二步：根据题中给的公式，预测各受声点的噪声值。

比如车间A在厂界东160 m处的声压级=85－20×lg 160－8－10=22.9 dB（A）

锅炉房在厂界东250 m处的声压级=94.77－20×lg 250－8－10=28.8 dB（A）

其他两个值依此类推。

第三步：计算厂界东和厂界南受车间A印花机和锅炉房风机的共同影响的合成声压贡献值，29.79是由22.9和28.8合成计算的，41.6是由31.4和41.2合成的。

表4　噪声预测结果

预测值/dB（A）　　噪声源	厂界东	厂界南
	离声源距离/m	
车间A	160 22.9	60 31.4
锅炉房	250 28.8	60 41.2
贡献累积值	29.79	41.63

　　第四步：叠加背景值与标准对比。比如厂界东叠加背景值的 59.80 dB(A)是由现状值 59.8 dB(A)和预测贡献值 29.79 dB(A)相加而成。

表 5　建设项目建设前后受声点噪声值　　　　　单位：dB(A)

时段	受声点	现状值	贡献值	叠加值	是否超标
昼间	厂界东	59.8	29.79	59.80	不超标
	厂界南	53.7	41.63	53.96	不超标
夜间	厂界东	41.3	29.79	41.60	不超标
	厂界南	49.7	41.63	50.33	超标

　　2 类区域执行昼间 60 dB(A)，夜间 50 dB(A)。

　　说明：此题是一个实例环评的简化，只用了两个公式，一是相加的公式，一是题目给的随距离衰减的公式（比教材稍复杂，接近实务）。但只要掌握了上述基本方法，即使预测的公式可能有不同，思路也基本一致。

　　如果题中没有给出点声源衰减公式，那就按教材中给出的点声源衰减公式计算，此公式是要求记住的。2005 年出了类似题型（10 分），当然，考题相对本题简单点。

　　93．A　94．B　95．C　　96．D

　　97．D　【解析】对于成图比例尺的规范要求并不是每个比例尺都要记住，但对于该表的共性的东西还是需要掌握。无论成图面积多大，一级和二级评价的成图比例尺的要求是一样的，三级评价因要求低，成图比例尺可以小点。

　　98．A

　　99．C　【解析】该题虽然没有告诉属哪级评价，无论哪级评价其生态评价成图比例尺应≥1∶25 万，这个特殊情况要记住。从项目长度为 120 km 来看，该项目的评价等级应该是一级或二级。

　　100．D　　101．D

　　102．A【解析】生态学原理很多，比如生态学的普适性原理以及生态系统规律可以用于解释分析一定的因果关系，这就是生态机理分析法的优势所在。

　　103．C　104．B　105．B

　　106．D【解析】香农-威纳指数用以表达生物多样性的一种方法，在香农-威纳多样性指数计算公式中，包含两个因素影响生物多样性的大小：①种类数目，即丰富度；②种类中个体分配上的平均性或均匀性。种类数目多，可增加多样性；同样，种类之间个体分配的均匀性增加也会使多样性提高。

　　107．C　108．B　109．B　110．C　111．A　112．C

113. B　【解析】TP 浓度 $< 10 \text{ mg/m}^3$，为贫营养；$10 \sim 20 \text{ mg/m}^3$，为中营养；$> 20 \text{ mg/m}^3$，为富营养。

114. C　【解析】TSI < 40，为贫营养；$40 \sim 50$，为中营养；> 50，为富营养。

115. C　116. D

117. A　【解析】在参考教材中能直接找到答案。

118. B　119. D　120. A　121. D　122. A　123. B　124. D　125. B　126. B
127. A　128. C　129. A　130. D　131. B　132. D　133. C　134. A

二、不定项选择题

1. ABCDE

2. ACDE　【解析】估算模式中嵌入了多种预设的气象组合条件，包括一些最不利的气象条件，在某个地区有可能发生，也有可能没有此种不利气象条件。在测算时，气象数据不需再输入，应选择全部的稳定度和风速组合。

3. BD　4. ABD

5. ABCE　【解析】选项 D 不属于面源参数，属于预测点的参数。

6. AD　7. ACD　8. BC　9. AC　10. BC

11. AD　【解析】如预测计算点距离源中心 $> 1\,000 \text{ m}$，无论采用直角还是极坐标网格布点，预测网格点网格间距在 $100 \sim 500 \text{ m}$ 都是合理的。HJ 2.2—2008 中预测网格点设置方法如下，需记住。

大气预测网格点设置方法

预测网格方法		直角坐标网格	极坐标网格
布点原则		网格等间距或近密远疏法	径向等间距或距源中心近密远疏法
预测网格点网格距	距离源中心 ≤ 1 000 m	50 ~ 100 m	50 ~ 100 m
	距离源中心 > 1 000 m	100 ~ 500 m	100 ~ 500 m

12. ABC　【解析】如预测计算点距离源中心 $\leqslant 1\,000 \text{ m}$，无论采用直角还是极坐标网格布点，预测网格点网格间距在 $50 \sim 100 \text{ m}$ 都是合理的。

13. ABCD　【解析】计算点可分三类：环境空气敏感区、预测范围内的网格点以及区域最大地面浓度点。

14. ABCD　【解析】标注污染源点的性质（如化工厂、水泥厂）有利于选择监测因子。

15. ABD　【解析】"其他已建源项"在现状监测中已体现。除了题目三项外，还有"被取代污染源、其他拟建相关源项目"也属计算源项。

16. BCDE　17. ABCDE

18. ABD　【解析】下表中常规预测情景组合需记住。

常规预测情景组合

序号	污染源类别	排放方案	预测因子	计算点	常规预测内容
1	新增污染源（正常排放）	现有方案/推荐方案	所有预测因子	环境空气保护目标网格点区域最大地面浓度点	小时浓度日平均浓度年均浓度
2	新增污染源（非正常排放）	现有方案/推荐方案	主要预测因子	环境空气保护目标区域最大地面浓度点	小时浓度
3	削减污染源（若有）	现有方案/推荐方案	主要预测因子	环境空气保护目标	日平均浓度年均浓度
4	被取代污染源（若有）	现有方案/推荐方案	主要预测因子	环境空气保护目标	日平均浓度年均浓度
5	其他在建、拟建项目相关污染源（若有）		主要预测因子	环境空气保护目标	日平均浓度年均浓度

19. A　20. ABD　21. AB　22. BD　23. BD　24. BC　25. AB　26. CDE
27. CDE　28. ABD

29. ACDE　【解析】超标范围是长期气象条件下应分析的内容。分析典型小时气象条件和典型日气象条件下的分析内容基本相同。

30. BCE

31. ACDE　【解析】"超标概率和最大持续发生时间"是分析典型小时、典型日气象条件下应分析的内容。

32. ABCDE　【解析】AERMOD、ADMS 模式气象参数收集的要求见下表：

气象数据	AERMOD	ADMS
地面数据	必须地面逐次气象数据	必须地面逐次气象数据
高空数据	必须对应每天至少一次探空数据	可选
补充气象数据	可选	不需要

33. ABCDE　34. ABCDE　35. ABCDE　36. ABCD　37. ABD　38. ABCDE
39. DE　40. ACDE

41. ABCDE　【解析】一级评价和二级评价的基本附表是相同的。

42. ABD

43. ABC　【解析】选项 D 为附表。一级评价和二级评价的基本附件是相同的，三级评价只需附上"环境质量现状监测原始数据文件"。

44．ADE　45．ABCD

46．BC　【解析】S-P 模型是研究河流溶解氧与 BOD 关系最早的、最简单的耦合模型。

47．ABCD　48．ABDE　49．BCDE　50．ABCDE

51．BCD　【解析】示踪物质有无机盐类、荧光染料和放射性同位素等，应满足如下要求：具有在水体中不沉降、不降解、不产生化学反应的特性；测定简单准确；经济；对环境无害。

52．ABCD　【解析】建设项目实施过程各阶段拟预测的水质参数应根据工程分析和环境现状、评价等级、当地的环保要求筛选和确定。

拟预测水质参数的数目应既说明问题又不过多。一般应少于环境现状调查水质参数的数目。

53．AC　【解析】B 可采用一维模型，D 采用一维稳态模式，E 采用完全混合模式。

54．ACDE　【解析】选项 B 的正确说法是主要污水排放口和固体废物堆放处的地下水下游区域。

55．ABCD　【解析】地下水水位变化诱发的湿地退化、地面沉降、岩溶塌陷、地面裂缝、海水入侵、地下水污染、地面塌陷、土壤次生盐渍化、土壤沼泽化、土地沙化等都属环境水文地质问题。

56．AD

57．ABCD　【解析】数学模型法包括数值法、解析法、均衡法、回归分析、趋势外推、时序分析等方法。

58．BCD　【解析】一级评价应采用数值法。二级评价针对不同的条件可用不同的方法。

59．AB　60．CD　61．ABD　62．BD　63．ABC　64．ABCD　65．ABC
66．ABCD　67．ABCD　68．ABCD

69．ABCDE　【解析】这个考点在参考教材中没有相关内容，在《建设项目地下水环境影响评价规范》（DZ 0225—2004）也没有相关内容，《环境影响评价技术导则—地下水环境》中也没有具体详细的措施，只是给了一些宏观的原则和要求，下列内容来自相关文章：为防止污染物渗入地下水，一方面要防止土壤污染，另一方面要想法阻断污染物与地下水的联系。这包括工矿企业的合理布局，尽量避免在关键地点上游排污；完善排水系统，严禁用渗井排放污水；合理选择废物堆放场所；污水池及固体废物堆放场底应作防渗处理；并应注意地质条件的选择，建立卫生防护带等。

《中华人民共和国水污染防治法》（2008 年 2 月 28 日修订）对水污染防治措施有详细的规定。

> 第四章　水污染防治措施
> 第一节　一般规定
>
> 　　**第二十九条**　禁止向水体排放油类、酸液、碱液或者剧毒废液。
> 　　禁止在水体清洗装贮过油类或者有毒污染物的车辆和容器。
> 　　**第三十条**　禁止向水体排放、倾倒放射性固体废物或者含有高放射性和中放射性物质的废水。向水体排放含低放射性物质的废水，应当符合国家有关放射性污染防治的规定和标准。
> 　　**第三十一条**　向水体排放含热废水，应当采取措施，保证水体的水温符合水环境质量标准。
> 　　**第三十二条**　含病原体的污水应当经过消毒处理；符合国家有关标准后，方可排放。
> 　　**第三十三条**　禁止向水体排放、倾倒工业废渣、城镇垃圾和其他废弃物。
> 　　禁止将含有汞、镉、砷、铬、铅、氰化物、黄磷等的可溶性剧毒废渣向水体排放、倾倒或者直接埋入地下。
> 　　存放可溶性剧毒废渣的场所，应当采取防水、防渗漏、防流失的措施。
> 　　**第三十四条**　禁止在江河、湖泊、运河、渠道、水库最高水位线以下的滩地和岸坡堆放、存贮固体废弃物和其他污染物。
> 　　**第三十五条**　禁止利用渗井、渗坑、裂隙和溶洞排放、倾倒含有毒污染物的废水、含病原体的污水和其他废弃物。
> 　　**第三十六条**　禁止利用无防渗漏措施的沟渠、坑塘等输送或者存贮含有毒污染物的废水、含病原体的污水和其他废弃物。
> 　　**第三十七条**　多层地下水的含水层水质差异大的，应当分层开采；对已受污染的潜水和承压水，不得混合开采。
> 　　**第三十八条**　兴建地下工程设施或者进行地下勘探、采矿等活动，应当采取防护性措施，防止地下水污染。
> 　　**第三十九条**　人工回灌补给地下水，不得恶化地下水质。

70．ABCDE　【解析】建立卫生防护带是指在水源地及重要的水资源保护区划出一定区域作为卫生防护带，以保护水资源。

71．ABCDE　【解析】除了本题的防治措施外，还有水环境管理措施、地下水环境监测措施等措施。

72．BCD　73．BC　74．BD　75．ACE

76．CD　【解析】"生态影响评价工作等级中基本图件和推荐图件的组成"属"掌握"的要求。一级评价与二级评价的基本图件不同之处是：一级评价比二级评价多了2种类型的图件：植被类型图和生态监测布点图。

77．DE　【解析】三级评价需要四种基本图件：项目区域地理位置图、工程平面图、土地利用或水体利用现状图、典型生态保护措施平面布置示意图。二级评价的基本图件需要7种，比三级评价增加了：地表水系图、特殊生态敏感区和重要生态敏感区空间分布图、主要评价因子的评价成果和预测图。

78．ABCE　【解析】三级评价中的四种基本图件是各级评价基本图件的最低要求。

79．BE　【解析】该题问的是生态影响评价的推荐图件，不是地下水评价的图件，如果是地下水评价的章节，水文地质图是需要的。

80．BD

81．ABDE　【解析】对于项目区域地理位置图、工程平面图、土地利用现状图这几种图件，对从事环评的考生来说不需要刻意去记，因为做项目时这些图经常要用。主要区别各级评价基本图件的不同之处。

82．BCDE　【解析】地表水系图和水体利用现状图是有区别的，水体利用现状图是三级评价中的基本图件。

83．ABC　84．ABCDE

85．ABCD　【解析】在考试大纲中，生态机理分析法属"掌握"的要求。但生态机理分析法在导则中讲得有点虚，实际应用的案例也较少，理解较难。但该法具有科学性，专业性强，定量有一定难度。生态机理分析法的工作步骤有6步，此题只列了4步。

86．ABC　87．ACD　88．CD　89．ABC

90．ACD【解析】单因子指数法可进行生态因子的预测评价，如以评价区现状植被盖度为评价标准，可评价建设项目建成后植被盖度的变化率。权重的赋予一般都是据专业、专家判断，不同人赋予值有所差异。

91．ABCDE　92．ABD

93．ABDE　【解析】类比分析法是一种比较常用的定性和半定量评价方法，一般有生态整体类比、生态因子类比和生态问题类比等。选项C的正确说法是：进行生态影响的定性分析与评价。

94．ABCD　【解析】据导则，类比分析法列出了6个方面，此题的部分选项与前题有重复之处，目的是让考生加深记忆。

95．BCD

96．ACD　【解析】香农-威纳指数主要用以比较不同群落生物多样性大小。H越大，说明该群落生物多样性越高。

97．ABC

98．ABCE　【解析】为便于分析和采取对策，要将生态影响划分为：有利影响和不利影响，可逆影响与不可逆影响，近期影响与长期影响，一次影响与累积影响，明显影响与潜在影响，局部影响与区域影响。

99．ABCDE

100. ABCE　【解析】决定某一拼块类型在景观中的优势,也称优势度值(D_0)。优势度值由密度(R_d)、频率(R_f)和景观比例(L_p)三个参数计算得出。

101. ABDE　【解析】通用水土流失方程式 $A=R \cdot K \cdot L \cdot S \cdot C \cdot P$ 中,R——降雨侵蚀力因子;K——土壤可蚀性因子;L——坡长因子;S——坡度因子;C——植被和经营管理因子;P——水土保持措施因子。

102. ACE　【解析】水土富营养化主要指人为因素引起的湖泊、水库中氮、磷增加对其水生生态产生不良的影响。富营养化是一个动态的复杂过程。一般认为,水体磷的增加是导致富营养化的主因,但富营养化也与氮含量、水温及水体特征有关。

103. ABCD　104. ABD　105. ACD　106. BD　107. BD　108. ABE　109. ABCD　110. ACDE　111. ABDE　112. ABCDE　113. ACD　114. BE　115. CD　116. ABCD

117. ABDE　【解析】运行中的垃圾填埋场对环境的主要影响有8点,一定要记住,要写得出来!2005年《案例分析》考了一个垃圾填埋场的案例,这里的8点完全可以套上题中的1~2问。这8点归纳起来应从水(地表径流、地下水)、气、声、景观、地质、疾病、健康和安全、二次固废(塑料袋、尘土)关键词去记,然后联想,用自己的语言去表达,中心思想不会相差太大。

118. BCDE　119. AC　120. BCD　121. AD　122. BCD　123. ABCDE

第五章 环境保护措施

一、单项选择题（每题的备选选项中，只有一个最符合题意）

1. 目前世界广泛采用的选煤工艺是（　　　）。
   - A. 浮选法
   - B. 化学浸出法
   - C. 氧化脱硫法
   - D. 重力分选法

2. 目前，燃烧脱硫较为先进的燃烧方式是（　　　）。
   - A. 氧化铜燃烧脱硫技术
   - B. 型煤固硫燃烧脱硫技术
   - C. 流化床燃烧脱硫技术
   - D. 分子筛燃烧脱硫技术

3. SCR 脱硝技术使用的还原剂是（　　　）。
   - A. 甲烷
   - B. 氨
   - C. 氢
   - D. 贵金属

4. 袋式除尘器的除尘效率一般可达（　　　）以上。
   - A. 96%
   - B. 90%
   - C. 99%
   - D. 95%

5. 一般习惯以使用吸收剂的形态和处理过程将二氧化硫控制技术分为（　　　）。
   - A. 非选择性催化还原法和活性炭脱硫
   - B. 干法排烟脱硫和湿法排烟脱硫
   - C. 催化还原脱硫和吸收脱硫
   - D. 高温排烟脱硫和低温排烟脱硫

6. 采用石灰石、生石灰或消石灰的乳浊液为吸收剂吸收烟气中的 SO_2 的方法称为（　　　）。
   - A. 活性炭法
   - B. 钠法
   - C. 镁法
   - D. 钙法

7. （　　　）是目前一种最成熟的脱硫方法，特别是在低浓度的排烟脱硫上效率较高，而且石灰来源广，价格便宜。
   - A. 石灰粉吹入法
   - B. 钙法
   - C. 催化氧化法
   - D. 钠法

8. 干法排烟脱硫是用（　　　）去除烟气中二氧化硫的方法。
   - A. 固态吸附剂或固体吸收剂
   - B. 固态吸附剂
   - C. 固体吸收剂
   - D. 固态吸附剂或液态吸收剂

9. （　　　）具有对 SO_2 吸收速度快、管路和设备不容易堵塞等优点，但吸收剂价格昂贵。
   - A. 镁法
   - B. 钙法
   - C. 氨法
   - D. 钠法

10. 以铜、铂、钒、钼、锰等的氧化物为催化剂，以氨、硫化氢、一氧化碳为还原剂，选择出最适宜的温度范围进行脱氮反应。此方法称（   ）。

    A. 非选择性催化还原法   B. 催化氧化法

    C. 选择性催化还原法   D. 活性炭法

11. 用铂作为催化剂，以氢或甲烷等还原性气体作为还原剂，将烟气中的 NO_x 还原成 N_2；在反应中不仅与 NO_x 反应，还要与尾气中的 O_2 反应，没有选择性。此方法称（   ）。

    A. 非选择性催化还原法   B. 甲烷非选择性催化还原法

    C. 选择性催化还原法   D. 氨选择性催化还原法

12. 一般情况，选择性催化还原法比非选择性催化还原法的排烟脱氮处理成本（   ）。

    A. 高   B. 低   C. 差不多   D. 无法比较

13. 工艺简单，目前使用较广，成本较低，处理效果好，排烟脱氮转化率达 90% 以上，但还不能达到变废为宝、综合利用的目的。此方法是（   ）。

    A. 非选择性催化还原法   B. 选择性催化还原法

    C. 碱液吸收法   D. 分子筛吸附法

14. 为了达到更好的烟（粉）尘的治理效果，采用燃烧技术时，在燃烧过程中供给的空气量要（   ），以使燃料完全燃烧。

    A. 多   B. 少   C. 适当   D. 以上都不对

15. 目前，对一些以大气污染为主、烟（粉）尘排放量大、除尘效率要求高的项目，如大型火电厂、大型水泥厂等，为了满足达标排放，最好选用 （   ）。

    A. 布袋除尘器   B. 惯性除尘器

    C. 重力除尘器   D. 洗涤式除尘器

16. 一般工业废水经 （   ）后就可达到排放标准。

    A. 一级处理   B. 二级处理   C. 三级处理   D. 四级处理

17. 工业废水采用 （   ）处理后，能达到预期的处理效果。

    A. 一种方法   B. 两种方法   C. 三种方法   D. 多种方法组合

18. 在一般的废水处理过程中，除磷脱氮主要在 （   ）中完成。

    A. 一级处理   B. 二级处理   C. 三级处理   D. 四级处理

19. 在废水处理过程中，出水消毒是一种（   ）。

    A. 物理处理方法   B. 化学处理方法

    C. 物理化学处理方法   D. 生物处理方法

20. 污泥处理的基本过程为（   ）。

    A. 调节→稳定→浓缩→脱水→压缩   B. 浓缩→稳定→调节→脱水→压缩

C．压缩→稳定→调节→脱水→浓缩　　D．浓缩→稳定→脱水→调节→压缩

21．以下哪项不属于好氧生物处理法？（　　　）

A．活性污泥法　　B．接触氧化法　　　C．UASB　　　D．氧化沟法

22．废水按处理程度可分为（　　　）处理。

A．一级、二级

B．一级、二级、三级

C．一级、二级、三级、四级

D．物理、化学、物理化学、生物

23．一级废水处理的任务主要是（　　　）。

A．去除重金属

B．去除有机污染物

C．去除呈悬浮状态的固体或呈分层或乳化状态的油类污染物

D．去除复杂的无机污染物

24．下列（　　　）废水处理的方法不属于化学处理法。

A．去除有机污染物

B．去除重金属

C．化学沉淀法

D．活性污泥法

25．曝气池的主要作用是（　　　）。

A．去除有机污染物

B．去除重金属

C．去除无机污染物

D．去除油类

26．某项目污水处理站进水 COD 浓度为 900 mg/L，采用生化—絮凝处理工艺，其 COD 去除率分别为 80% 和 50%，则该污水处理站出水 COD 浓度为（　　　）。

A．90 mg/L　　　B．100 mg/L　　　C．180 mg/L　　D．360 mg/L

27．高浓度有机废水生化处理过程中产生的沼气主要来源于处理工艺的（　　　）。

A．中和段　　　B．厌氧段　　　C．好氧段　　　D．沉淀段

28．城市污水处理厂外排尾水渠设置紫外线灯照射设施的作用是（　　　）。

A．增加外排尾水中溶解氧含量　　B．使水中致病微生物死亡或灭活

C．进一步处理 COD　　　D．脱除水中的氨

29．从声源上降低噪声是指将发声大的设备改造成（　　　）的设备。

A．发声小的

B．不发声

C．发声小的或不发声

D．发声很小

30．在噪声传播途径上降低噪声，合理布局噪声敏感区中的（　　　）和合理调整建筑物（　　　）。

A．建筑物功能　平面布局　　B．平面布局　功能

C．建筑物结构　使用方法　　D．建筑物功能　使用年限

31．用压力式打桩机代替柴油打桩机，反铆接改为焊接，液压代替锻压等降低

噪声的措施是指（　　　）。

　　A. 利用自然地形物降低噪声　　　B. 改进机械设计以降低噪声

　　C. 维持设备处于良好的运转状态　　D. 改革工艺和操作方法以降低噪声

32. 在设计和制造过程中选用发声小的材料来制造机件，改进设备结构和形状、改进传动装置以及选用已有的低噪声设备等降低声源噪声方法是指（　　　）。

　　A. 合理布局降低噪声　　　　　　B. 改进机械设计以降低噪声

　　C. 维持设备处于良好的运转状态　　D. 改革工艺和操作方法以降低噪声

33. 一种把危险废物放置或贮存在环境中，使其与环境隔绝的处置方法，此法为（　　　）。

　　A. 卫生填埋法　　　　　　　　　B. 安全填埋法

　　C. 堆肥处理法　　　　　　　　　D. 热解法

34. 目前，国内外用垃圾、污泥、人畜粪便等有机废物制造堆肥的工厂，绝大多数采用（　　　）。

　　A. 低温堆肥法　　　　　　　　　B. 厌氧堆肥法

　　C. 绝热堆肥法　　　　　　　　　D. 好氧堆肥法

35. 固体废物焚烧处置技术的燃烧系统中，最普通的氧化物为含有（　　　）氧气的空气，空气量的多少与燃料的混合程度直接影响燃烧的效率。

　　A. 21%　　　　B. 26%　　　　C. 37%　　　　D. 29%

36. 固体废物焚烧处置技术对环境的最大影响是尾气造成的污染，（　　　）是污染控制的关键。

　　A. 工况控制和尾气净化　　　　　　B. 工况控制

　　C. 固废原料的选择　　　　　　　　D. 尾气净化

37. 据危险废物安全填埋入场要求，禁止填埋的是（　　　）。

　　A. 含水率小于 75% 的废物　　　　B. 含铜、铬的固体废物

　　C. 医疗废物　　　　　　　　　　　D. 含氰化物的固体废物

38. 生活垃圾填埋场可以直接处置（　　　）。

　　A. 油泥焚烧残渣　　　　　　　　　B. 医疗废弃物

　　C. 生活垃圾焚烧残渣　　　　　　　D. 生活垃圾焚烧飞灰

39. 保护生态系统的整体性，是以保护（　　　）为核心，保护生物的生境。

　　A. 植被　　　　B. 生物多样性　　　　C. 物种　　　　D. 群落

40. 植被破坏的生态补偿量不应少于破坏量，具体补偿量确定原则为（　　　）。

　　A. 等面积补偿　　　　　　　　　　B. 等当量生物质补偿

　　C. 等植株数量补偿　　　　　　　　D. 等植物种类补偿

41. 为弥补某码头工程港池开挖过程带来的鱼卵子鱼、底栖生物等水生生物资

源损失，应采取的措施是（　　　　）。

　　A．生态补偿　　　　B．污染治理　　　　C．生态监测　　　　D．污染预防

二、不定项选择题（每题的备选项中至少有一个符合题意）

1．环境保护措施技术经济论证的技术主要包括（　　　　）。

　　A．可靠性　　　　B．先进适用性　　　　C．实用性　　　　　　D．合理性

2．对于选择环境保护措施的合理性主要体现在（　　　　）。

　　A．公众认可的合理性　　　　　　　　　　B．污染治理工艺组合的合理性

　　C．社会上的合理性　　　　　　　　　　　D．经济上的合理性

3．袋式除尘器的清灰方式主要有（　　　　）。

　　A．机械振打清灰　　　　　　B．脉冲清灰　　　　　　C．逆气流清灰

　　D．自激式清灰　　　　　　　E．高压文氏管清灰

4．电除尘器的主要优点是（　　　　）。

　　A．抗高温和腐蚀　　　　　　B．压力损失少　　　　　　C．投资小

　　D．能耗少　　　　　　　　　E．除尘效率高

5．除尘器的技术指标有（　　　　）。

　　A．压力损失　　　　　　　　B．工作负荷　　　　　　　C．净化效率

　　D．运行成本　　　　　　　　E．使用温度

6．大型火电厂和大型水泥厂多采用（　　　　）进行除尘。

　　A．静电除尘器　　　B．惯性除尘器　　　C．布袋除尘器　　　D．离心力除尘器

7．下列哪些排烟脱硫的方法属湿法排烟脱硫？（　　　　）

　　A．活性炭法　　　B．钠法　　　　C．镁法　　　　D．钙法　　　　E．氨法

8．下列哪些排烟脱硫的方法属干法排烟脱硫？（　　　　）

　　A．活性炭法　　　　　　　　B．钠法　　　　　　　　C．催化氧化法

　　D．钙法　　　　　　　　　　E．石灰粉吹入法

9．排烟脱氮方法从化工过程来看，可以分为（　　　　）。

　　A．催化还原法　　　　　　　B．干法　　　　　　　　　C．吸收法

　　D．固体吸附法　　　　　　　E．湿法

10．烟（粉）尘的治理技术主要是通过（　　　　）来实现。

　　A．加强环境管理　　　　　　　　　　　　B．提高员工环保素质

　　C．改进燃烧技术　　　　　　　　　　　　D．采用除尘技术

11．下列属二氧化硫防治措施的是（　　　　）。

　　A．氨法　　　　　　　　　　B．镁法　　　　　　　　　C．循环流化床

　　D．钠法　　　　　　　　　　E．石灰粉吹入法

12. 下列属氮氧化物防治措施的是（　　　）。

A. 非选择性催化还原法　　　　　B. 炉内喷钙

C. 选择性催化还原法　　　　D. 碱液法　　　　E. 低氮喷嘴

13. 下列属二氧化硫防治措施的是（　　　）。

A. 活性炭法　　　　　　　　B. 磷铵肥法

C. 氨法　　　　　　　D. 接触氧化法　　　　　E. 泥煤碱法

14. 下列废水处理方法中，哪些属物理化学法？（　　　）

A. 活性污泥法　　B. 离子交换　　C. 浮选　　D. 混凝　　E. 萃取

15. 污泥稳定的目的是（　　　）。

A. 减少病原体　　　　　　　B. 去除引起异味的物质

C. 去除污泥中的水分　　　　D. 抑制、减少并去除可能导致腐化的物质

E. 增加固态物的含量

16. 污泥的处置方法主要有（　　　）。

A. 卫生填埋　　　　B. 热解　　　　　C. 安全填埋　　　　D. 焚烧

17. 废水处理分为物理法、化学法、物理化学法和生物法，以下处理属于物理法的有（　　　）。

A. 混凝　　　B. 格栅　　　C. 气浮　　　D. 过滤　　　E. 蒸发

18. 通常可采取（　　　）方法处理电镀废水。

A. 混凝　　　　　　　B. 氧化还原法　　　　　　C. 离子交换

D. 活性污泥　　　　E. 结晶

19. Ⅰ类建设项目场地地下水污染防治对策应从以下（　　　）考虑。

A. 源头控制措施　　　　　　B. 分区防治措施

C. 地下水污染监控　　　　　D. 风险事故应急响应

20. 对于Ⅰ类建设项目场地地下水污染监控中的监测计划应包括（　　　）。

A. 监测孔位置、孔深　　　　B. 监测井结构

C. 监测层位　　　　　　　　D. 监测项目、监测频率

21. 对于Ⅰ类建设项目场地地下水污染监控体系应包括（　　　）。

A. 建立地下水污染监控制度　　　B. 建立地下水污染环境管理体系

C. 制定监测计划　　　　　　　　D. 配备先进的检测仪器和设备

22. 下列（　　　）属Ⅰ类建设项目场地地下水污染防治分区防治措施。

A. 提出不同区域的地面防渗方案

B. 划分污染防治区

C. 给出具体的防渗材料及防渗标准要求

D. 建立防渗设施的检漏系统

23．下列（ ）属Ⅱ类建设项目地下水保护与环境水文地质问题减缓措施。

A．以均衡开采为原则，提出防止地下水资源超量开采的具体措施

B．分区防治措施

C．建立地下水动态监测系统

D．针对建设项目可能引发的其他环境水文地质问题提出应对预案

24．通过环境影响评价提出的噪声防治对策，必须符合（ ）。

A．具体性原则   B．经济合理性原则

C．技术可行性原则   D．针对性原则

25．在噪声传播途径上降低噪声，可采用（ ）的设计原则，使高噪声敏感设备尽可能远离噪声敏感区。

A．改革工艺和操作方法   B．闹静分开

C．合理布局   D．消声、隔振和减振

26．下列哪些方法或措施是从声源上降低噪声？（ ）

A．利用自然地形物降低噪声   B．改进机械设计以降低噪声

C．维持设备处于良好的运转状态   D．改革工艺和操作方法以降低噪声

27．固体废物处置常见的预处理方法有（ ）。

A．分选   B．破碎   C．堆肥   D．压实

28．据生物处理过程中起作用的微生物对氧气要求的不同，可以把固体废物堆肥分为（ ）。

A．高温堆肥   B．好氧堆肥   C．低温堆肥   D．厌氧堆肥

29．固体废物焚烧处置技术的燃烧系统中的主要成分是（ ）。

A．燃料   B．还原物   C．氧化物   D．惰性物质

30．据危险废物安全填埋入场要求，需经预处理后方能入场填埋的是（ ）。

A．含水率小于 80% 的废物   B．液体废物

C．医疗废物   D．本身具有反应性、易燃性的废物

E．根据《固体废物浸出毒性浸出方法》和《固体废物浸出毒性测定方法》测得的废物浸出液 pH 值小于 7.0 和大于 12.0 的废物

31．据危险废物安全填埋入场要求，废物可直接入场填埋的是（ ）。

A．含水率高于 85% 的废物

B．液体废物

C．与衬层具有不相容性反应的废物

D．根据《固体废物浸出毒性浸出方法》和《固体废物浸出毒性测定方法》测得的废物浸出液中有一种或一种以上有害成分浓度超过《危险废物鉴别标准》中的标准值并低于《危险废物填埋污染控制标准》中的允许进入填埋

区控制限值的废物

E. 根据《固体废物浸出毒性浸出方法》和《固体废物浸出毒性测定方法》测得的废物浸出液 pH 值在 7.0～12.0 的废物

32. 生态环境保护战略特别注重保护（　　　）地区。

A. 城市居民区　　　　　　　　　B. 生态环境良好的地区

C. 生态系统特别重要的地区　　　　D. 工业开发区

E. 资源强度利用，生态系统十分脆弱，处于高度不稳定或正在发生退化的地区

33. 减少生态环境影响的工程措施有（　　　）。

A. 合理选址选线　　　　　　　　　B. 项目规划论证分析

C. 工程方案分析与优化　　　　　　D. 加强工程的环境保护管理

E. 施工方案分析与合理化建议

34. 以下关于合理选址选线说法正确的有（　　　）。

A. 选址选线以最小的成本和最高的经济效益为原则

B. 选址选线避绕敏感的环境保护目标

C. 选址选线符合地方环保规划和环境功能区划要求

D. 选址选线不存在潜在的环境风险

E. 选址选线应保障区域可持续发展能力不受到损害或威胁

35. 作为减少生态环境影响的工程措施之一，工程方案分析与优化要从可持续发展出发，其优化的主要措施包括（　　　）。

A. 选择减少资源消耗的方案　　　　B. 采用环境友好的方案

C. 选择经济效益最大化的设计方案　D. 采用循环经济理念，优化建设方案

E. 发展环境保护工程设计方案

36. 生态工程施工方案分析与合理化建议包括（　　　）。

A. 施工成本分析　　　　　　　　　B. 施工机械使用

C. 建立规范化操作程序和制度　　　D. 合理安排施工次序、季节、时间

E. 改变落后的施工组织方式，采用科学的施工组织方法

37. 生态影响的补偿形式有（　　　）。

A. 物质补偿　　　B. 就地补偿　　　C. 精神补偿　　　D. 异地补偿

38. 以下关于生态影响补偿的说法，正确的有（　　　）。

A. 补偿可在当地，也可在异地

B. 就地补偿建立的新系统要和原系统完全一致

C. 异地补偿要注意补偿地点和补偿形式与建设地区生态类型和功能的联系

D. 所有物种和生境受到工程影响时都应补偿

E. 异地补偿应在补偿量上与原系统等当量

39. 按照保护的方式、目的，生态保护可以分为（　　　　）。

A. 维护　　　　B. 保护　　　　C. 恢复　　　　D. 重建　　　　E. 改造

参考答案

一、单项选择题

1. D　2. C

3. B　【解析】SCR 脱硝技术就是选择性催化还原法脱硝技术。

4. C　5. B　6. D　7. B　8. A　9. D　10. C　11. A　12. B　13. B　14. C
15. A　16. B　17. D　18. C　19. B　20. B

21. C　【解析】UASB 即上流式厌氧污泥床反应器，属于厌氧生物处理法。

22. B　23. C　24. D　25. A

26. A　【解析】该题的意思是采用生化处理的去除率为 80%，采用絮凝处理的去除率为 50%，该工艺先絮凝后生化。絮凝去除率 50% 时，COD 变为 450mg/L，然后再用生化处理工序，去除率 80% 时，COD 变为 90mg/L。

27. B　28. B　29. C　30. A　31. D　32. B　33. B　34. D　35. A　36. A

37. C　【解析】据《危险废物填埋污染控制标准》（GB 18598—2001）中的危险废物安全填埋入场要求，医疗废物和与衬层具有不相容性反应的废物禁止填埋。《导则》和《技术方法》参考教材中都没有列出此内容，但在《危险废物填埋污染控制标准》（GB 18598—2001）原文能找到。

38. C　【解析】医疗废弃物属危险废物，油泥焚烧残渣和生活垃圾焚烧飞灰需经处理后才能进入填埋场处置。

39. B　40. B

41. A　【解析】题干实际上是针对工程施工行为造成的生物影响而言的，虽然施工中需要采取一定的污染防治措施，但这类施工中是难以避免对水生生物造成影响的，所以最有效的措施只能是生态补偿。

二、不定项选择题

1. ABCD　2. BD

3. ABC　【解析】D 和 E 选项属湿式除尘器。

4. ABDE　【解析】在所有的除尘器中，电除尘器的投资成本相对较高，特别是高效电除尘器的初投资比达 15。

5. ABCE　【解析】选项 D 是除尘器的经济指标。

6. AC　7. BCDE　8. ACE　9. ACD　10. CD　11. ABCDE　12. ACDE

13. ABCD　【解析】活性炭法也可用在氮氧化物的治理。泥煤碱法属氮氧化物的治理方法。

14. BCDE　15. ABD　16. AD

17. BD　【解析】常见的物理法有格栅、筛滤、离心、澄清、过滤、隔油等，混凝、气浮和蒸发均为物理化学法。

18. ABC　【解析】电镀废水的特点是COD、BOD低（可达到排放标准），重金属含量高，通常含有氰，因此，可采取混凝沉淀法去除重金属，氧化还原法脱氰，为了达到排放标准，可采取离子交换法进一步去除重金属。因废水的生化性差，不适宜用活性污泥法；浓度不是非常高，有些金属也不一定能形成晶体，故也不适用于结晶法。

19. ABCD　20. ABCD　21. ABCD　22. ABCD　23. ACD　24. ABCD
25. BCD　26. BCD　27. ABD　28. BD　29. ACD

30. BDE　【解析】据危险废物安全填埋入场要求，需经预处理后方能入场填埋的有5种情况。除题中的三种情况外，含水率高于85%的废物以及根据《固体废物浸出毒性浸出方法》和《固体废物浸出毒性测定方法》测得的废物浸出液中任何一种有害成分浓度超过GB 18598—2001表5-1中允许进入填埋区的控制限值的废物也需预处理后方能入场填埋。

31. DE　【解析】据危险废物安全填埋入场要求，废物可直接入场填埋的有2种情况。

32. BCE　【解析】生态环境保护战略特别注重保护三类地区：一是生态环境良好的地区，要预防对其破坏；二是生态系统特别重要的地区，要加强对其保护；三是资源强度利用，生态系统十分脆弱，处于高度不稳定或正在发生退化的地区。根据不同的地区，贯彻实施各地生态环境保护规划，是生态环保措施必须实施的内容。

33. ACDE　34. BCDE　35. ABDE　36. CDE　37. BD

38. ACE　【解析】当重要物种（如树木）、生境（如林地）及资源受到工程影响时，可采取在当地或异地（工程场址内或场址外）提供同样物种或相似生境的方法进行补偿。例如大型开发区的建设可能会侵占大片林地或草地，可以通过区内适当的绿化面积和绿化类型的搭配加以补偿。就地补偿类似于生态恢复，但建立的新系统和原生态系统不可能也没必要完全一致。异地补偿特别要注意补偿地点和补偿形式与建设地区生态类型和功能的联系，以及补偿量的等当量关系。

39. ABCD

第六章　环境容量与污染物排放总量控制

一、单项选择题（每题的备选选项中，只有一个最符合题意）

1．利用环境空气质量模型模拟开发活动所排放的污染物引起的环境质量变化是否会导致环境空气质量超标。此大气环境容量估算方法是（　　　）。

　　A．经验估算法　　　　　　　　　　B．线性优化法

　　C．修正的 A-P 值法　　　　　　　　D．模拟法

2．下列哪种大气环境容量估算方法是最简单的估算方法？（　　　）

　　A．物理类比法　　　　　　　　　　B．线性优化法

　　C．修正的 A-P 值法　　　　　　　　D．模拟法

3．对于污染源布局、排放方式已经确定的开发区，建立源排放和环境质量之间的输入响应关系，然后根据区域空气质量环境保护目标，采用特定方法，计算出各污染源的最大允许排放量，而各污染源的最大允许排放量之和，就是给定条件下的最大环境容量。此法是（　　　）。

　　A．系统分析法　　　　　　　　　　B．模拟法

　　C．修正的 A-P 值法　　　　　　　　D．线性优化法

4．一般所指的环境容量是在保证不超过环境目标值的前提下，区域环境能够容许的污染物（　　　）。

　　A．允许排放量　　　　　　　　　　B．最大允许排放量

　　C．最佳允许排放量　　　　　　　　D．最小允许排放量

5．水环境容量计算时，污染因子应包括（　　　）、开发区可能产生的特征污染物和受纳水体敏感的污染物。

　　A．国家和地方规定的重点污染物　　B．国家规定的重点污染物

　　C．地方规定的重点污染物　　　　　D．当地居民规定的重点污染物

6．水环境容量计算时，应根据水环境功能区划明确受纳水体（　　　）的水质标准。

　　A．相同断面　　　　　　　　　　　B．不同断面

　　C．充分混合段断面　　　　　　　　D．过程混合段断面

7．下列（　　　）指标属于国家"十一五"期间规定的总量控制指标。

A. COD、氨氮、SO_2、烟尘、工业固废   B. SO_2、COD、氨氮

C. SO_2 和 COD   D. COD、氨氮、SO_2、烟尘

8. 环境影响评价中提出的污染物排放总量控制指标的单位是（   ）。

　　A. 每年排放多少吨   B. 每年排放多少立方米

　　C. 每月排放多少吨   D. 每年排放多少千克

▲（9～12 题根据以下内容回答）甲企业年排废水 600 万 t，废水中氨氮浓度为 20 mg/L，排入 III 类水体，拟采用废水处理方法氨氮去除率为 60%，III 类水体氨氮浓度的排放标准 15 mg/L。

9. 甲企业废水处理前氨氮年排放量为（   ）t。

　　A. 12   B. 120   C. 1 200   D. 1.2

10. 甲企业废水处理后氨氮年排放量为（   ）t。

　　A. 48   B. 72   C. 4.8   D. 7.2

11. 甲企业废水氨氮达标年排放量为（   ）t。

　　A. 60   B. 80   C. 70   D. 90

12. 甲企业废水氨氮排放总量控制建议指标为（   ）t/a。

　　A. 120   B. 48   C. 80   D. 90

▲（13～16 题根据以下内容回答）乙企业年排废水 300 万 t，废水中 COD 浓度为 450 mg/L，排入 IV 类水体，拟采用废水处理方法 COD 去除率为 50%，IV 类水体 COD 浓度的排放标准 200 mg/L。

13. 乙企业废水处理前 COD 年排放量为（   ）t。

　　A. 1 350   B. 135   C. 13 500   D. 600

14. 乙企业废水处理后 COD 年排放量为（   ）t。

　　A. 1 350   B. 675   C. 875   D. 680

15. 乙企业废水 COD 达标年排放量为（   ）t。

　　A. 60   B. 6 000   C. 750   D. 600

16. 乙企业废水 COD 排放总量控制建议指标为（   ）t/a。

　　A. 675   B. 1 350   C. 600   D. 750

▲（17～20 题根据以下内容回答）丙企业建一台 20 t/h 蒸发量的燃煤蒸汽锅炉，最大耗煤量 2 000 kg/h，引风机风量为 30 000 m^3/h，全年用煤量 5 000 t，煤的含硫量 1.5%，排入气相 80%，SO_2 的排放标准 900 mg/m^3。

17. 丙企业 SO_2 最大排放量为（   ）kg/h。

　　A. 60   B. 48   C. 75   D. 96

18. 丙企业 SO_2 最大排放浓度是（   ）mg/m^3。

　　A. 2 000   B. 1 500   C. 1 000   D. 1 600

19. 丙企业达标排放脱硫效率应大于（   ）。

    A. 52.6%   B. 60.7%   C. 43.8%   D. 76%

20. 丙企业总量控制建议指标为（   ）t/a。

    A. 82.44   B. 68.54   C. 96.78   D. 67.44

▲（21～24 题根据以下内容回答）2004 年 6 月某地环境监测部门对该地某项目进行了环保验收监测（该项目环境影响报告书于 2002 年 7 月取得环保行政主管部门批复）。该项目位于环境空气质量三类功能区和二氧化硫污染控制区，锅炉年运行小时按 8 000 h，当地政府对该项目锅炉下达的废气污染物总量控制指标为 SO_2 27 t/a、烟尘 19 t/a。锅炉环保验收监测结果如下表。

烟囱高度/m		25
烟气量/（m^3/h）		11 500
锅炉额定蒸发量/（t/h）		7
过量空气系数		3.2
SO_2 质量浓度/（mg/m^3）	除尘器前	320
	除尘器后	310
烟尘质量浓度/（mg/m^3）	除尘器前	1 200
	除尘器后	200

已知：《锅炉大气污染物排放标准》（GB 13271—2001）中，锅炉过量空气系数为 1.8，三类区锅炉烟尘最高允许排放浓度：Ⅰ 时段为 350 mg/m^3，Ⅱ 时段为 250 mg/m^3；SO_2 最高允许排放浓度：Ⅰ 时段为 1 200 mg/m^3，Ⅱ 时段为 900 mg/m^3。

锅炉房装机总容量/（t/h）	<1	1～<2	2～<4	4～<10	10～<20
烟囱最低允许高度/m	20	25	30	35	40

21. SO_2 排放量和烟尘排放量是否超过当地政府下达的总量控制指标？（   ）

    A. SO_2 排放量和烟尘排放量都未超过

    B. SO_2 排放量和烟尘排放量都超过

    C. SO_2 排放量超过，烟尘排放量未超过

    D. SO_2 排放量未超过，烟尘排放量超过

22. SO_2 浓度和烟尘浓度是否符合三类功能区的标准要求？（   ）

    A. SO_2 浓度和烟尘浓度都符合   B. SO_2 浓度和烟尘浓度都不符合

    C. SO_2 浓度符合，烟尘浓度不符合   D. SO_2 浓度不符合，烟尘浓度符合

23. 该锅炉目前能否通过环保验收？（   ）

    A. 能   B. 不能   C. 不能确定

24. 如果该锅炉烟囱高度维持 25 m，总除尘效率要在（   ）以上，才能满足标准要求。

　　A. 94.1%　　　　　　B. 89.6%　　　　　　C. 96.4%　　　　　　D. 97.8%

25. 某企业锅炉燃油量为 10 000 t/a，含硫量为 1%；若 SO_2 总量控制指标为 40 t/a，则该锅炉脱硫设施的效率至少应大于（　　　　）。

　　A. 90%

　　C. 70%

　　B. 80%

　　D. 60%

26. 一台燃煤采暖锅炉，实测烟尘排放浓度为 150 mg/m^3，过量空气系数为 2.1，折算为过量空气系数 1.8 的烟尘排放浓度为（　　　　）。

　　A. 128 mg/m^3

　　C. 270 mg/m^3

　　B. 175 mg/m^3

　　D. 315 mg/m^3

二、不定项选择题（每题的备选项中至少有一个符合题意）

1. 特定地区的大气环境容量与以下哪些因素有关？（　　　　）

　A. 特定污染物在大气中的转化、沉积、清除机理

　B. 区域大气扩散、稀释能力

　C. 区域内污染源及其污染物排放强度时空分布

　D. 空气环境功能区划及空气环境质量保护目标

　E. 涉及的区域范围与下垫面复杂程度

2. 《开发区区域环境影响评价技术导则》中推荐的大气环境容量估算方法有（　　　　）。

　　A. 经验估算法　　　　　　　　　　B. 线性优化法

　　C. 修正的 A-P 值法　　　　　　　　D. 模拟法

3. （　　　　）适用于规模较大、具有复杂环境功能的新建开发区，或将进行污染治理与技术改造的现有开发区的大气环境容量估算。

　　A. 专业判断法　　　　　　　　　　B. 线性优化法

　　C. 修正的 A-P 值法　　　　　　　　D. 模拟法

4. 修正的 A-P 值法估算大气环境容量需要掌握哪些基础资料？（　　　　）

　　A. 第 i 个功能区的污染物控制浓度 c_i　　　B. 第 i 个功能区面积 S_i

　　C. 区域环境功能分区　　　　　　　D. 开发区范围和面积

　　E. 第 i 个功能区的污染物背景浓度 c^b_i

5. 水环境容量计算时，污染因子应包括（　　　　）。

　　A. 国家规定的重点污染物　　　　　B. 开发区可能产生的特征污染物

　　C. 环评技术人员规定的重点污染物　D. 受纳水体敏感的污染物

　　E. 地方规定的重点污染物

6. 水环境影响评价时，对于拟接纳开发区污水的下列水体，哪些应估算水环境

容量？（　　　）

　　A. 湖泊　　　　　　　　　　　　B. 常年径流的河流

　　C. 近海水域　　　　　　　　　　D. 远海水域

7. 污染物总量控制建议指标应包括（　　　）。

　　A. 国家规定的指标　　　　　　　B. 项目的一般污染物

　　C. 地方规定的指标　　　　　　　D. 项目的特征污染物

8. 下列哪些指标不属于国家"十二五"期间规定的大气环境污染物总量控制指标？（　　　）

　　A. 氮氧化物　　　B. 二氧化硫　　　C. 烟尘　　　D. 工业粉尘

9. 下列哪些指标不属于国家"十二五"期间规定的水环境污染物总量控制指标？（　　　）

　　A. BOD_5　　　B. COD　　　C. 氨氮　　　D. 汞

10. 在环境影响评价中提出的项目污染物总量控制建议指标必须满足下列哪些要求？（　　　）

　　A. 符合相关环保要求，比总量控制更严的环境保护要求

　　B. 技术上可行　　　C. 经济上可行　　　D. 符合达标排放的要求

参考答案

一、单项选择题

1. D　2. C　3. D

4. B　【解析】环境容量计算的主要内容见《开发区区域环境影响评价技术导则》。

5. A　6. B　7. C　8. A

9. B　【解析】$600 \times 10^4 \times 20 \times 10^3 \times 10^{-9}$=120 t。注意单位的换算。

10. A　【解析】$120 - 120 \times 0.6$=48 t。

11. D　【解析】$600 \times 10^4 \times 15 \times 10^3 \times 10^{-9}$=90 t。

12. B　【解析】此大题分步让考生计算的目的是使计算过程更为清楚。2005年在《案例分析》考试中有一题是让考生计算排放总量控制建议指标。如果此题能做对，请看下题，有所不同。

13. A　【解析】$300 \times 10^4 \times 450 \times 10^3 \times 10^{-9}$=1 350 t。

14. B　【解析】$1\ 350 - 1\ 350 \times 0.5$=675 t。

15. D　【解析】$300 \times 10^4 \times 200 \times 10^3 \times 10^{-9}$=600 t。

16. C 【解析】因乙企业污水经处理后超标，总量控制指标不能作为计算的依据，只能按达标排放建议。应是 600 t/a。

17. B 【解析】SO_2 最大排放量（kg/h）=2 000×1.5%×2×80%=48 kg/h。注意如果题中给的单位是 t，注意单位换算。

18. D 【解析】SO_2 最大排放浓度=48×10^6/30 000=1 600 mg/m^3。

19. C 【解析】[（1 600−900）/1 600]×100%=43.8%。

20. D 【解析】总量控制建议指标：5 000×1.5%×2×80%×（1−43.8%）=67.44 t。如果题中是烟尘的总量控制建议指标的计算，思路基本相同，就不再出题了。但烟尘排放量的公式是：用煤量×灰分（%）×飞灰率（%）×（1−除尘效率）。

21. C 【解析】

SO_2 排放量 = 11 500 × 310 × 8 000 × 10^{-9} = 28.52（t/a）;

SO_2 排放量超过当地政府下达的总量控制指标（27 t/a）。

烟尘排放量 = 11 500 × 200 × 8 000 × 10^{-9} = 18.4（t/a）;

烟尘排放量符合当地政府下达的总量控制指标（19 t/a）。

22. B 【解析】根据《锅炉大气污染物排放标准》（GB 13271—2001），锅炉过量空气系数为 1.8，Ⅰ时段是指 2000 年 12 月 31 日前建成使用的锅炉，Ⅱ时段是指 2001 年 1 月 1 日后建成使用的锅炉（含……），由此可判断此锅炉属Ⅱ时段。

$$SO_2 折算后浓度 = \frac{实测过量空气系数}{理论过量空气系数} × 实测浓度 = \frac{3.2}{1.8} × 310 = 551.1（mg/m^3）;$$

根据该锅炉的装机容量，其烟囱最低允许高度应为 35 m，但现有烟囱高度仅为 25 m，达不到最低要求，因此，烟尘、SO_2 允许排放浓度应按相应时段排放标准值的 50%执行。SO_2 排放浓度不符合三类功能区Ⅱ时段标准要求（450 mg/m^3）。

$$烟尘折算后浓度 = \frac{实测过量空气系数}{理论过量空气系数} × 实测浓度 = \frac{3.2}{1.8} × 200 = 311.1（mg/m^3）;$$

超过三类功能区Ⅱ时段标准要求（125 mg/m^3）。

23. B 【解析】根据《锅炉大气污染物排放标准》（GB 13271—2001），现有烟囱高度 25 m 不够，应将烟囱高度提高至 35 m。另外，烟尘、SO_2 排放浓度也达不到相应要求。因此，该锅炉目前不能通过环保验收。

24. A 【解析】根据《锅炉大气污染物排放标准》（GB 13271—2001），应将烟囱高度提高至 35 m。如烟囱高度维持 25 m，则烟尘、SO_2 允许排放浓度应按标准值的 50%执行，即烟尘折算后的浓度应达到 125 mg/m^3，由此再反推除尘效率。

$$实测浓度 = \frac{理论过量空气系数 × 烟尘折算后浓度}{实测过量空气系数} = \frac{1.8 × 125}{3.2} = 70.3 \text{ mg/m}^3$$

$$总除尘效率=\frac{除尘前-除尘后}{除尘前}\times100\%=\frac{1\ 200-70.3}{1\ 200}\times100\%=94.1\%$$

因此，总除尘效率要在94.1%以上，才能满足标准要求。

25．B 【解析】锅炉二氧化硫的排放量=10 000 t/a×1%×2= 200 t，（200 t-40 t）/200=0.8。此题要注意：二氧化硫的排放量的计算公式中不能少乘2（2是根据硫转化为二氧化硫的化学反应式得来的）。

26．B 【解析】过量空气系数是指燃料燃烧时实际空气消耗量与理论空气需要量之比值。折算后的烟尘排放浓度=150×（2.1/1.8）=175（mg/m³）。

二、不定项选择题

1．ABCDE 2．BCD 3．BD 4．ABCDE 5．ABDE

6．ABC 【解析】环境容量计算的原始内容见《开发区区域环境影响评价技术导则》。

7．AD 8．CD 9．AD 10．ABD

第七章　清洁生产

一、单项选择题（每题的备选选项中，只有一个最符合题意）

1．当一个新建项目全部指标的清洁生产水平达到（　　　）时，尚须做出较大的调整和改进。

    A．一级水平　　　　B．二级水平　　　　C．三级水平　　　　D．四级水平

2．生命周期全过程评价是针对（　　　）而言。

    A．过程　　　　　　B．产品　　　　　　C．污染物排放　　　D．污染产生

3．生命周期评价方法的关键和与其他环境评价方法的主要区别，是它从产品的（　　　）来评估它对环境的总影响。

    A．整个生命周期　　　　　　　　　　B．整个生产过程

    C．部分生命周期　　　　　　　　　　D．主要生产过程

4．清洁生产主要内容应为（　　　）。

    A．清洁的厂区、清洁的设备

    B．清洁的能源、清洁的生产过程、清洁产品

    C．清洁的环境、清洁的产品、清洁的消费

    D．清洁的分析方法

5．清洁生产的指标计算时，单位产品 COD 排放量等于（　　　）与产品产量的比值。

    A．月 COD 排放总量　　　　　　　　B．季度 COD 排放总量

    C．日 COD 排放总量　　　　　　　　D．全年 COD 排放总量

▲（6～8 题根据以下内容回答）丁工业企业年耗新水量为 300 万 t，重复利用水量为 150 万 t，其中工艺水回用量为 80 万 t，冷却水循环水量为 20 万 t，污水回用量为 50 万 t；间接冷却水系统补充新水量为 45 万 t，工艺水取用水量为 120 万 t。

6．丁企业的工业用水重复利用率为（　　　）。

    A．50.0%　　　　　B．33.3%　　　　　C．34.3%　　　　　D．55%

7．丁企业的间接冷却水循环利用率为（　　　）。

    A．30.8%　　　　　B．6.7%　　　　　C．31.3%　　　　　D．13.3%

8．丁企业工艺水回用率为（　　　）。

A. 66.7%   B. 53.3%   C. 40%   D. 41.6%

9. 指标评价法作为清洁生产评价的方法之一，如果没有标准可参考，可与国内外（ ）清洁生产指标作比较。

A. 同类产品 B. 相同产品 C. 同类装置 D. 以上都不是

10. 目前，国内较多采用的清洁生产评价方法是（ ）。

A. 分值评定法 B. 指标对比法 C. 质量指标法 D. 保证率法

11. 将各项清洁生产指标逐项制定分值标准，再由专家按百分制打分，然后乘以各自权重值得总分，然后再按清洁生产等级分值对比分析项目清洁生产水平。此法是（ ）。

A. 分值评定法 B. 质量指标法 C. 指标对比法 D. 类比法

12. 某工业项目的几项主要指标与国内同类项目指标的平均水平如下表。该建设项目尚未达到清洁生产基本要求的指标是（ ）。

指标	单位	项目设计水平	国内平均水平
原料消耗	kg/t 产品	200	198
电耗	kW·h/t 产品	50	52
新鲜水耗	m³/t 产品	35	40
成本消耗	元/t 产品	1 350	1 280

A. 原料消耗 B. 电耗   C. 新鲜水耗 D. 成本消耗

13. 在污染型项目清洁生产分析中，表征项目资源能源利用水平的指标有单位产品的原料消耗量、综合能耗以及（ ）等。

A. 水污染物排放量   B. 新鲜水耗水量

C. 烟气粉尘利用率   D. 废水排放量

二、不定项选择题（每题的备选项中至少有一个符合题意）

1. 目前，环保部推出的清洁生产标准把清洁生产指标分为（ ）。

A. 国际清洁生产基本水平   B. 国际清洁生产先进水平

C. 国内清洁生产先进水平   D. 国内清洁生产基本水平

2. 下列（ ）在清洁生产分析中必须有定量指标。

A. 产品指标   B. 资源能源利用指标

C. 污染物产生指标   D. 废物回收利用指标

3. 清洁生产指标的选取原则包括（ ）。

A. 一致性原则   B. 满足政策法规要求和符合行业发展趋势

C. 体现污染预防为主的原则 D. 容易量化

E. 从产品生命周期全过程考虑

4．下列清洁生产指标中，哪些指标属于定性或半定量指标？（　　　　）

A．环境管理要求　　　　　　　　　　　B．生产工艺与装备要求

C．废物回收利用指标　　　　　　　　　D．污染物产生指标

E．产品指标

5．生产工艺与装备要求是清洁生产分析指标之一，它直接影响到该项目投入生产后清洁生产的水平，该指标可以从以下哪几方面体现出来？（　　　　）

A．工艺技术　　　　　B．装置规模　　　　　C．设备　　　　　D．经济性

6．清洁生产指标中的环境管理要求，具体包括（　　　　）。

A．生产过程环境管理　　　　　　　　　B．环境监测计划

C．废物处理处置　　　　　　　　　　　D．相关环境管理

7．下列清洁生产指标中，哪些指标必须定量？（　　　　）

A．资源能源利用指标　　　　　　　　　B．生产工艺与装备要求

C．产品指标　　　　　　　　　　　　　D．污染物产生指标

E．废物回收利用指标

8．清洁生产指标中的环境管理要求，具体包括（　　　　）。

A．环境法律法规标准　　　　　　　　　B．生产过程环境管理

C．环境审核　　　　　　　　　　　　　D．相关方环境管理

E．废物处理处置

9．下列清洁生产分析中的指标，哪些指标需定量？（　　　　）

A．新用水量指标　　　　　B．能耗指标　　　　　C．环境管理要求

D．物耗指标　　　　　　　E．单位产品废水排放量

10．清洁生产中的新用水量指标包括（　　　　）。

A．单位产品新用水量　　　　　　　　　B．单位产品循环用水量

C．工业用水重复利用率　　　　　　　　D．工艺水回用率

E．万元产值取水量

11．清洁生产的污染物产生指标包括（　　　　）。

A．废水产生指标　　　　　　　　　　　B．噪声产生指标

C．废气产生指标　　　　　　　　　　　D．固体废物产生指标

12．清洁生产的固体废物产生指标具体包括（　　　　）。

A．万元产品主要固体废物产生量　　　　B．单位产品主要固体废物产生量

C．万元产品固体废弃物综合利用量　　　D．单位固体废弃物综合利用量

13．清洁生产的废气产生指标具体包括（　　　　）。

A．单位产品废气产生量指标　　　B．万元产品主要大气污染物产生量指标

C．万元产品 SO_2 产生量指标　　　D．单位产品主要大气污染物产生量指标

14. 原辅材料的选取是资源能源利用指标的重要内容之一，它反映了在资源选取的过程中和构成其产品的材料报废后对环境和人类的影响，具体可从以下哪几方面做定性分析？（　　　　）

A. 毒性　　　　　　　　B. 能源强度　　　　　　　　C. 可再生性

D. 生态影响　　　　　　E. 可回收利用性

15. 目前，清洁生产可选用的分析方法有（　　　　）。

A. 物料平衡法　　　　　　　　　　B. 指标对比法

C. 分值评定法　　　　　　　　　　D. 质量指标法

16. 环境影响报告书中清洁生产分析编写的原则规定（　　　　）。

A. 所有项目的环评报告书均应单列"清洁生产分析"一章或节

B. 应从清洁生产的角度对整个环境影响评价过程的有关内容加以补充和完善

C. 报告书中必须给出关于清洁生产的结论

D. 报告书必须给出采取清洁生产方案的建议

17. 环境影响报告书中清洁生产分析编写的原则规定（　　　　）。

A. 建设项目的清洁生产指标的描述应真实客观

B. 清洁生产指标数值的确定要有充分的依据

C. 清洁生产指标项的确定要符合指标选取原则

D. 报告书必须给出采取清洁生产方案建议

E. 建设项目的清洁生产指标的描述无须很客观

18. 采用指标对比法作为建设项目清洁生产评价方法，其评价程序是（　　　　）。

A. 收集相关行业清洁生产标准

B. 预测环评项目的清洁生产指标值

C. 将预测值与清洁生产标准值对比

D. 得出清洁生产评价结论

E. 提出清洁生产改进方案和建议

19. 在评述建设项目清洁生产水平时，应分析（　　　　）。

A. 资源利用指标　　　　　　　　B. 污染物产生指标

C. 环保治理工艺先进性　　　　　D. 生产工艺先进性

20. 某啤酒厂实施技改搬迁，环评中评判清洁生产指标等需要的资料有（　　　　）。

A. 啤酒厂排污资料

B. 环境保护部发布的啤酒制造业清洁生产标准

C. 国内啤酒行业先进水平类比调查资料

D. 国际啤酒行业先进水平类比调查资料

参考答案

一、单项选择题

1. C　【解析】目前我国没有四级水平的标准，其次，三级水平就是国内清洁生产基本水平，对于新建项目是不够的。

2. B　3. A　4. B　5. D

6. B　【解析】据公式：工业用水重复利用率 $=\dfrac{C}{Q+C}\times100\%$，其中 C 为重复利用水量，Q 为取用新水量，可算出为 33.3%。

7. A　【解析】据公式：间接冷却水循环率 $=\dfrac{C_{冷}}{Q_{冷}+C_{冷}}\times100\%$，其中 $C_{冷}$ 为间接冷却水循环量，$Q_{冷}$ 为间接冷却水系统取水量（补充新水量），可算出为 30.8%。

8. C　【解析】据公式：工艺水回用率 $=\dfrac{C_{x}}{Q_{x}+C_{x}}\times100\%$，其中 C_{x} 为工艺水回用量，Q_{x} 为工艺水取水量（取用新水量），可算出为 40%。

2005 年结合水平衡图考了几个指标（8 分，每空 2 分），从水平衡图找出相应的数据计算相应的指标。还有一个指标要引起注意，即污水回用率。

9. C　10. B　11. A

12. A　【解析】电耗、新鲜水耗都能达到清洁生产国内平均水平。成本消耗没有达到国内平均水平，但清洁生产指标中没有"成本消耗"这项指标。

13. B

二、不定项选择题

1. BCD

2. BC　【解析】清洁生产指标要力求定量化，对于难以定量的也应给出文字说明。清洁生产指标涉及面比较广，有些指标难以量化。如选项 A 和 D。

3. BCDE　4. ABCE　5. ABC　6. ACD　7. AD　8. ABDE　9. ABDE
10. ABCDE　11. ACD　12. BD　13. AD　14. ABCDE　15. BC　16. ABCD
17. ABCD　18. ABCDE　19. ABD　20. AB

第八章 环境风险分析

一、单项选择题（每题的备选选项中，只有一个最符合题意）

1. 重大危险源是指长期或短期生产、加工、运输、使用或贮存危险物质，且危险物质的数量（　　　）临界量的功能单元。

    A. 等于　　　　　　B. 等于或超过　　　　C. 超过　　　　D. 低于

2. 对于某种或某类危险物质规定的数量，若功能单元中物质数量等于或超过该数量，则该功能单元定为（　　　）。

    A. 非重大危险源　　　B. 一般危险源　　　C. 重大危险源　　　D. 危险源

3. 功能单元是指至少应包括一个（套）危险物质的主要生产装置、设施（贮存容器、管道等）及环保处理设施，或同属一个工厂且边缘距离（　　　）的几个（套）生产装置、设施。

    A. 大于 500 m　　　B. 小于 500 m　　　C. 小于 800 m　　　D. 大于 800 m

4. 下列公式（　　　）是用来计算液体泄漏速率的。

    A. $Q_{\mathrm{L}} = C_{\mathrm{d}} A \rho \sqrt{\dfrac{2(p - p_0)}{\rho} + 2gh}$　　　　　　B. $Q_{\mathrm{G}} = Y C_{\mathrm{d}} A p \sqrt{\dfrac{MK}{RT_{\mathrm{G}}} \left(\dfrac{2}{K+1}\right)^{\frac{K+1}{K-1}}}$

    C. $Q_{\mathrm{LG}} = C_{\mathrm{d}} A \sqrt{2 \rho_{\mathrm{m}} (p - p_{\mathrm{C}})}$　　　　　　D. $Q_2 = \dfrac{\lambda S \times (T_0 - T_{\mathrm{b}})}{H \sqrt{\pi \alpha t}}$

5. 气体泄漏速率计算公式 $Q_{\mathrm{G}} = Y C_{\mathrm{d}} A p \sqrt{\dfrac{MK}{RT_{\mathrm{G}}} \left(\dfrac{2}{K+1}\right)^{\frac{K+1}{K-1}}}$，$K$ 表示（　　　）。

    A. 流出系数　　　　　　　　　　　　B. 气体的绝热指数
    C. 气体泄漏系数　　　　　　　　　　D. 气体常数

6. 下列公式（　　　）是用来计算两相流泄漏速度的。

    A. $Q_{\mathrm{L}} = C_{\mathrm{d}} A \rho \sqrt{\dfrac{2(p - p_0)}{\rho} + 2gh}$　　　　　　B. $Q_{\mathrm{G}} = Y C_{\mathrm{d}} A p \sqrt{\dfrac{MK}{RT_{\mathrm{G}}} \left(\dfrac{2}{K+1}\right)^{\frac{K+1}{K-1}}}$

C. $Q_{LG} = C_d A\sqrt{2\rho_m(p - p_C)}$ 　　　　D. $Q_2 = \dfrac{\lambda S \times (T_0 - T_b)}{H\sqrt{\pi\alpha t}}$

7. 最大可信事故是指在所有可预测的概率（　　　）的事故中，对环境（或健康）危害最严重的重大事故。

　　A. 为零　　　　B. 不为零　　　　C. 大于 1　　　　D. 大于或等于 1

8. 下列公式（　　　）是用来计算闪蒸蒸发量的。

　　A. $Q_1 = F \cdot W_T / t_1$

　　B. $Q_2 = YC_d Ap\sqrt{\dfrac{MK}{RT_G}\left(\dfrac{2}{K+1}\right)^{\frac{K+1}{K-1}}}$

　　C. $Q_2 = a \times p \times M / (R \times T_0) \times u^{(2-n)/(2+n)} \times r^{(4+n)/(2+n)}$

　　D. $Q_2 = \dfrac{\lambda S \times (T_0 - T_b)}{H\sqrt{\pi\alpha t}}$

9. 《建设项目环境风险影响评价技术导则》（HJ/T 169—2004）推荐最大可信事故概率的确定方法是（　　　）。

　　A. 加权法　　　　　　　　　　　　B. 故障树分析法

　　C. 因素图法　　　　　　　　　　　D. 事件树分析法

10. 生产过程潜在危险性识别是根据建设项目的生产特征，结合物质危险性识别，对项目功能系统划分功能单元，按一定的方法确定潜在的（　　　）。

　　A. 危险单元或重大危险源　　　　　B. 危险单元及重大危险源

　　C. 危险单元　　　　　　　　　　　D. 重大危险源

11. 在定性分析事故风险源项时，首推（　　　）。

　　A. 类比法　　　　　　　　　　　　B. 加权法

　　C. 故障树分析法　　　　　　　　　D. 因素图法

12. 风险评价需要从各功能单元的（　　　）风险中，选出危害最大的作为本项目的最大可信灾害事故，并以此作为风险可接受水平的分析基础。

　　A. 最大可信事故　　　　　　　　　B. 95%可信事故

　　C. 最小可信事故　　　　　　　　　D. 98%可信事故

13. 制订风险防范措施时，厂址及周围居民区、环境保护目标应设置（　　　）。

　　A. 环境防护距离　　　　　　　　　B. 空间防护距离

　　C. 防火间距　　　　　　　　　　　D. 卫生防护距离

14. 制订风险防范措施时，厂区周围工矿企业、车站、码头、交通干道等应设置（   ）。

    A．卫生防护距离和防火间距   B．环境防护距离

    C．安全防护距离和防火间距   D．空间防护距离和防火间距

  15．环境风险应急环境监测、抢险、救援及控制措施由（   ）负责对事故现场进行侦察监测，对事故性质、参数与后果进行评估，为指挥部门提供决策依据。

    A．资质工作人员   B．技术职称队伍

    C．专业队伍   D．主管部门

  16．环境风险报警、通讯联络方式的制定，规定（   ）的报警通讯方式、通知方式和交通保障、管制。

    A．平时状态下   B．应急状态下

    C．一般状态下   D．特定

  17．环境风险事故应急救援关闭程序与恢复措施包括规定应急状态终止程序，事故现场善后处理，恢复措施，（   ）解除事故警戒及善后恢复措施。

    A．100 m 区域内   B．200 m 区域内

    C．500 m 区域内   D．邻近区域

  18．环境风险事故人员紧急撤离、疏散，应急剂量控制、撤离组织计划的制订，包括事故现场、工厂邻近区、受事故影响的区域人员及公众对毒物（   ）的规定，撤离组织计划及救护，医疗救护与公众健康。

    A．应急剂量控制   B．正常剂量控制

    C．反应   D．解除控制

二、不定项选择题（每题的备选项中至少有一个符合题意）

  1．重大危险源的功能单元可以包括（   ）。

    A．危险物质的主要生产装置

    B．危险物质的贮存容器

    C．危险物质的环保处理设施

    D．同属一个工厂且边缘距离小于 500 m 的几个（套）生产装置、设施

  2．《建设项目环境风险影响评价技术导则》中，事故风险源项分析的内容，包括（   ）。

    A．最大可信事故的发生概率   B．物质危险性识别

    C．危险化学品的泄漏量   D．生产过程潜在危险性识别

  3．影响液体泄漏速率的因素有（   ）。

    A．裂口面积   B．容器内介质压力

    C．环境压力   D．裂口之上液位高度

E. 液体泄漏系数

4. 泄漏液体的蒸发分为（　　　　）。

  A. 持续蒸发　　　　　B. 热量蒸发　　　　　C. 闪蒸蒸发　　　　D. 质量蒸发

5. 下列（　　　　）属于事故风险源项的定性分析方法。

  A. 类比法　　　　　　　　　B. 加权法　　　　　　　　　C. 事件树分析法

  D. 因素图法　　　　　　　　　　　　E. 爆炸危险指数法

6. 下列（　　　　）属于事故风险源项的定量分析方法。

  A. 故障树分析法　　　　　　　　　B. 加权法

  C. 事件树分析法　　　　　　　　　D. 因素图法

  E. 危险指数法

7. 环境风险应急计划区制定的危险目标包括（　　　　）。

  A. 装置区　　　　　　　　　　　　B. 紧急区

  C. 贮罐区　　　　　　　　　　　　D. 环境保护目标

8. 环境风险预案分级响应条件包括规定预案的（　　　　）。

  A. 类别及分类响应程序　　　　　　B. 级别和类别

  C. 分级和分类响应程序　　　　　　D. 级别及分级响应程序

9. 制订风险防范措施时，厂区周围工矿企业、车站、码头、交通干道等应设置（　　　　）。

  A. 防火间距　　　　　　　　　　　B. 环境防护距离

  C. 安全防护距离　　　　　　　　　D. 空间防护距离

10. 环境风险的防范、减缓措施有（　　　　）。

  A. 选址、总图布置和建筑安全防范措施

  B. 工艺技术设计安全防范措施

  C. 紧急救援站或有毒气体防护站设计

  D. 事故应急救援关闭程序与恢复措施

  E. 消防及火灾报警系统

参考答案

一、单项选择题

1. B　2. C　3. B

4. A　【解析】选项 B 是气体泄漏速度计算公式，选项 C 是两相流泄漏速度计算公式，选项 D 是热量蒸发速度的估算公式。

5. B 6. C 7. B 8. A 9. D 10. B

11. A 【解析】事故风险源强识别与源项分析的方法见《建设项目环境风险影响评价技术导则》的附录B。

12. A 13. D 14. C 15. C 16. B 17. D 18. A

二、不定项选择题

1. ABCD 2. AC 3. ABCDE 4. BCD 5. ABD 6. ACE 7. ACD 8. D
9. AC

10. ABCE 【解析】选项D是事故应急预案的内容。

第九章 环境影响经济损益分析

一、单项选择题（每题的备选选项中，只有一个最符合题意）

1. 通过构建模拟市场来揭示人们对某种环境物品的支付意愿，从而评价环境价值的方法是（   ）。

A. 隐含价格法   B. 调查评价法
C. 影子工程法   D. 机会成本法

2. 通过影响房地产市场价格的各种因素构建环境经济价值方程，得出环境经济价值的方法是（   ）。

A. 影子工程法   B. 防护费用法
C. 隐含价格法   D. 机会成本法

3. 在标准的环境价值评估方法中，下列哪种方法在环境影响经济评价中，最常用而且最经济？（   ）

A. 人力资本法   B. 隐含价格法
C. 调查评价法   D. 成果参照法

4. 用复制具有相似环境功能的工程的费用来表示该环境的价值，此法在环境影响经济评价中称为（   ）。

A. 隐含价格法   B. 影子工程法
C. 反向评估法   D. 机会成本法

5. 用于评估环境污染和生态破坏造成的工农业等生产力的损失，此方法称为（   ）。

A. 生产力损失法   B. 旅行费用法
C. 医疗费用法   D. 人力资本法

6. 恢复或重置费用法、人力资本法、生产力损失法、影子工程法的共同特点是（   ）。

A. 基于人力资本的评估方法   B. 基于支付意愿衡量的评估方法
C. 基于标准的环境价值评估方法   D. 基于费用或价格的评估方法

7. 在可能的情况下，下列环境影响经济评价的方法中，（   ）方法首选考虑。

A．医疗费用法、机会成本法、影子工程法、隐含价格法

B．隐含价格法、旅行费用法、调查评价法、成果参照法

C．人力资本法、医疗费用法、生产力损失法、恢复或重置费用法、影子工程法

D．反向评估法、机会成本法

8．环境影响经济评价的方法中，用于评估森林公园、风景名胜区、旅游胜地的环境价值的常用方法是（　　　）。

A．影子工程法　　　　　　　　　B．隐含价格法

C．恢复或重置费用法　　　　　　D．旅行费用法

9．成果参照法、隐含价格法、旅行费用法、调查评价法在环境影响经济评价中的共同特点是（　　　）。

A．基于人力资本的评估方法　　　B．基于购买意愿衡量的评估方法

C．基于标准的环境价值评估方法　D．基于费用或价格的评估方法

10．某地水土流失后的治理费用是 85 万元/km^2，那么，该地水土流失的环境影响的损失就是 85 万元/km^2，此种计算方法属于环境影响经济评价方法中的（　　　）。

A．影子工程法　　　　　　　　　B．隐含价格法

C．恢复或重置费用法　　　　　　D．旅行费用法

11．某处因噪声污染需安装隔音设施花费 70 万元，如果这 70 万元就算是噪声污染的环境影响损失，那此种环境影响经济评价的方法是（　　　）。

A．机会成本法　　　　　　　　　B．防护费用法

C．恢复或重置费用法　　　　　　D．隐含价格法

12．森林具有涵养水源的生态功能，假如一片森林涵养水源量是 250 万 m^3，在当地建造一个 250 万 m^3 库容的水库的费用是 380 万元，那么，用这 380 万元的建库费用，来表示这片森林的涵养水源的生态价值，此种环境影响经济评价的方法是（　　　）。

A．隐含价格法　　　　　　　　　B．生产力损失法

C．恢复或重置费用法　　　　　　D．影子工程法

13．费用效益分析法中使用的价格是（　　　）。

A．市场价格　　　　　　　　　　B．均衡价格

C．使用价格　　　　　　　　　　D．预期价格

14．费用效益分析法的分析角度是从（　　　）出发分析某一项目的经济净贡献的大小。

A．厂商　　　　B．小区　　　　C．全社会　　　　D．功能区

15．费用效益分析法中的经济净现值是反映建设项目对国民经济所作贡献的

（　　　）指标。

    A. 绝对量　　　　　B. 相对量　　　　　C. 环境　　　　　D. 经济

16. 当经济净现值（　　　）时，表示该项目的建设能为社会作出贡献，即项目是可行的。

    A. 小于零　　　　　B. 大于零　　　　　C. 大于 1　　　　　D. 小于 1

17. 当项目的经济内部收益率（　　　）行业基准收益率时，表示该项目是可行的。

    A. 小于　　　　　B. 大于或等于　　　　　C. 等于　　　　　D. 大于

18. 某一环境人们现在不使用，但人们希望保留它，以便将来用在其他项目上，环境的这种价值是（　　　）。

    A. 直接使用价值　　　　　　　　　　B. 存在价值
    C. 间接使用价值　　　　　　　　　　D. 选择价值

19. 费用效益分析法中的经济净现值是用（　　　）将项目计算期内各年的净收益折算到建设起点的现值之和。

    A. 银行贴现率　　　　　　　　　　B. 环境贴现率
    C. 金融贴现率　　　　　　　　　　D. 社会贴现率

20. 通过分析和预测一个或多个不确定性因素的变化所导致的项目可行性指标的变化幅度，判断该因素变化对项目可行性的影响程度，此种分析法是（　　　）。

    A. 敏感分析法　　　　　　　　　　B. 环境价值法
    C. 影子工程法　　　　　　　　　　D. 反向评估法

21. 环境影响经济损益分析中最关键的一步是（　　　）。

    A. 量化环境影响　　　　　　　　　B. 筛选环境影响
    C. 对量化的环境影响进行货币化　　D. 对量化的环境影响进行对比分析

22. 理论上，环境影响经济损益分析的步骤是按（　　　）项进行。

    A. 筛选环境影响→量化环境影响→评估环境影响的货币化价值→将货币化的
       环境影响价值纳入项目的经济分析

    B. 量化环境影响→筛选环境影响→评估环境影响的货币化价值→将货币化的
       环境影响价值纳入项目的经济分析

    C. 筛选环境影响→评估环境影响的货币化价值→量化环境影响→将货币化的
       环境影响价值纳入项目的经济分析

    D. 筛选环境影响→量化环境影响→将货币化的环境影响价值纳入项目的经济
       分析→评估环境影响的货币化价值

23. 将货币化的环境影响价值纳入项目的经济分析时，关键是将估算出的环境影响价值纳入（　　　）。

A．环境现金流量表　　　　　　　　　B．经济现金流量表

C．社会现金流量表　　　　　　　　　D．财务现金流量表

24．森林具有平衡碳氧、涵养水源等功能，这是环境的（　　　）。

A．非使用价值　　　　　　　　　　　B．直接使用价值

C．间接使用价值　　　　　　　　　　D．存在价值

25．假如一片森林的涵养水源量是 100 万 m^3，而在当地建设一座有效库容为 100 万 m^3 的水库所需费用是 400 万元，则可以此费用表示该森林的涵养水源功能价值，此法称为（　　　）。

A．防护费用法　　　　　　　　　　　B．恢复费用法

C．影子工程法　　　　　　　　　　　D．机会成本法

二、不定项选择题（每题的备选项中至少有一个符合题意）

1．环境的使用价值通常包含（　　　）。

A．直接使用价值　　　　　　　　　　B．间接使用价值

C．非使用价值　　　　　　　　　　　D．选择价值

2．下列（　　　）具有完善的理论基础，能对环境价值有一个正确的度量。

A．成果参照法　　　　B．隐含价格法　　　　C．人力资本法

D．医疗费用法　　　　E．调查评价法

3．下列（　　　）具有完善的理论基础，能对环境价值有一个正确的度量。

A．旅行费用法　　　　B．生产力损失法　　　C．影子工程法

D．隐含价格法　　　　E．防护费用法

4．下列（　　　）能够用于评估环境污染的健康影响。

A．影子工程法　　　　B．生产力损失法　　　C．人力资本法

D．旅行费用法　　　　E．医疗费用法

5．下列（　　　）具有完善的理论基础，能对环境价值有一个正确的度量。

A．成果参照法　　　　　　　　　　　B．调查评价法

C．隐含价格法　　　　　　　　　　　D．旅行费用法

6．在费用效益分析法中，判断项目的可行性，重要的判断指标是（　　　）。

A．费用利润率　　　　　　　　　　　B．经济净现值

C．成本利润率　　　　　　　　　　　D．经济内部收益率

7．环境影响经济损益分析时，对环境影响的筛选，一般情况从下列哪些方面筛选？（　　　）

A．影响小或不重要　　　　　　　　　B．影响是否不确定或过于敏感

C．影响是正面的或负面的　　　　　　D．影响是否是内部的或已被控抑

E．影响能否被量化和货币化

8．环境影响经济损益分析时，对环境影响的筛选，可以不考虑做损益分析的是
（　　）。

　A．难以定量化的环境影响

　B．项目设计时已被控抑的环境影响

　C．小的、轻微的环境影响

　D．环境影响本身是否发生具有不确定性

　E．军事禁区

9．环境影响经济损益分析时，对环境影响的筛选，要考虑做损益分析的是
（　　）。

　A．能货币化的环境影响　　　　　　B．项目设计时未被控抑的环境影响

　C．政治上过于敏感的环境影响　　　D．人们对该环境影响的认识存在较大的分歧

　E．大的、重要的环境影响

10．环境的总价值包括（　　　）。

　A．存在价值　　　　　　　　B．遗赠价值　　　　　　　　C．选择价值

　D．间接使用价值　　　　　　E．直接使用价值

11．费用效益分析的步骤主要包括（　　　）。

　A．筛选环境影响　　　　　　　　　B．编制经济现金流量表

　C．量化环境影响　　　　　　　　　D．计算项目的可行性指标

　E．评估环境影响的货币化价值

参考答案

一、单项选择题

1．B　2．C　3．D　4．B　5．A　6．D

7．B　【解析】选项 B 是有完善的理论基础的环境价值评估方法，也称标准的
环境价值评估方法。

8．D　9．C　10．C　11．B　12．D　13．B　14．C

15．A　【解析】经济内部收益率是反映建设项目对国民经济所作贡献的相对
量指标。

16．B　17．D　18．D　19．D　20．A　21．C　22．A　23．B　24．C

25．C　【解析】2009 年考题，从参考教材中可直接找到答案。

二、不定项选择题

1. ABD　【解析】此题主要考查环境除有直接使用价值和间接使用价值外还有选择价值。

2. ABE　【解析】有完善的理论基础的环境价值评估方法也称标准的环境价值评估方法。

3. AD　4. CE　5. ABCD　6. BD　7. ABDE　8. ABCDE　9. ABE　10. ABCDE
11. BD

第十章 建设项目竣工环境保护验收监测与调查

一、单项选择题（每题的备选选项中，只有一个最符合题意）

1. 《建设项目竣工环境保护验收管理办法》对建设项目实施（　　　）管理。

A. 分级　　　　　　B. 分类　　　　　　C. 分层次　　　　　　D. 分区域

2. 核查建设项目竣工环境保护验收应执行的标准，主要按（　　　）国家污染物排放标准、质量标准及环评文件批准的相应标准。

A. 旧的　　　　　　B. 新的　　　　　　C. 旧的或新的　　　　D. 以上都可

3. 建设项目竣工环境保护验收时，对大气有组织排放的点源，应对照行业要求，考核（　　　）。

A. 最高允许排放浓度

B. 最高允许排放速率

C. 最高允许排放浓度和最高允许排放速率

D. 监控点与参照点浓度差值和周界外最高浓度点浓度值

4. 建设项目竣工环境保护验收时，大气污染物最高允许排放浓度和最高允许排放速率指的是（　　　）。

A. 连续 24 h 采样平均值或 24 h 内等时间间隔采集样品平均值

B. 连续 1 h 采样平均值

C. 连续 24 h 采样平均值

D. 连续 1 h 采样平均值或 1 h 内等时间间隔采集样品平均值

5. 建设项目竣工环境保护验收时，位于两控区的锅炉，除执行锅炉大气污染排放标准外，还应执行所在区规定的（　　　）。

A. 环境质量指标　　　　　　　　B. 生态安全控制指标

C. 污染物排放达标指标　　　　　D. 总量控制指标

6. 建设项目竣工环境保护验收时，对于污水第一类污染物，不分行业和污染排放方式，也不分受纳水体的功能类别，一律在（　　　）排放口考核。

A. 单位　　　　　　　　　　　　B. 污水处理设施

C. 车间或车间处理设施　　　　　D. 车间

7. 建设项目竣工环境保护验收时，对于同一建设单位的不同污水排放口（　　　）。

A．可执行不同的标准　　　　　　　　B．不能执行不同的标准

C．只能执行相同的标准　　　　　　　D．应执行行业排放标准

8．建设项目竣工环境保护验收时，对于清净下水排放口，除非行业排放标准有要求，原则上应执行（　　）。

A．恶臭污染物排放标准　　　　　　　B．地表水环境质量标准

C．工业污水排放标准　　　　　　　　D．污水综合排放标准

9．建设项目竣工环境保护验收，在计算昼夜等效声级时，需要将夜间等效声级加上（　　）后再计算。

A．10 dB　　　　　B．5 dB　　　　　C．15 dB　　　　　D．8 dB

10．建设项目竣工环境保护验收时，对于评价监测结果，《污水综合排放标准》的值是按污染物的（　　）来评价的。

A．小时浓度值　　　　　　　　　　　B．日均浓度值

C．月均浓度值　　　　　　　　　　　D．季均浓度值

11．建设项目竣工环境保护验收时，对于评价监测结果，《大气污染物综合排放标准》的值是按污染物的（　　）来评价的。

A．日均浓度值　　B．小时浓度值　　C．季均浓度值　　D．最高排放浓度

12．建设项目竣工环境保护验收监测时，采用的验收标准是（　　）。

A．初步设计时确定的设计指标

B．环境影响评价时依据的标准

C．项目投产时的国家或地方污染物排放标准

D．现行的国家或地方污染物排放标准

13．验收调查报告的核心内容是（　　）。

A．环保措施落实情况的调查　　　　　B．补救对策措施和投资估算

C．环境影响调查与分析　　　　　　　D．施工期环境影响回顾

14．建设项目竣工环境保护验收时，验收监测应在工况稳定、生产负荷达到设计生产能力的（　　）以上情况下进行。

A．70%　　　　　B．75%　　　　　C．80%　　　　　D．85%

15．建设项目竣工环境保护验收时，验收监测数据应经（　　）审核。

A．一级　　　　　B．二级　　　　　C．三级　　　　　D．四级

16．建设项目竣工环境保护验收时，验收水质监测采样过程中应采集不少于（　　）的平行样。

A．5%　　　　　B．10%　　　　　C．15%　　　　　D．20%

17．建设项目竣工环境保护验收时，声级计在测试前后要有标准发生源进行校准，测量前后仪器的灵敏度相差应不大于（　　）。

A．1.2 dB　　　　　B．1.0 dB　　　　　C．0.3 dB　　　　D．0.5 dB

18．建设项目竣工环境保护验收时，固体废物监测对可以得到标准样品或质量控制样品的项目，应在分析的同时做（　　　）的质控样品分析。

A．10%　　　　　B．15%　　　　　C．5%　　　　D．20%

19．建设项目竣工环境保护验收时，对有明显生产周期的建设项目，废气的采样和测试一般为（　　　）生产周期，每个周期 3～5 次。

A．1～2 个　　　　B．2 个　　　　C．4～5 个　　　　D．2～3 个

20．建设项目竣工环境保护验收时，对连续生产稳定、污染物排放稳定的建设项目，废气的采样和测试一般不少于（　　　）次。

A．2　　　　　B．3　　　　　C．4　　　　D．5

21．建设项目竣工环境保护验收时，二氧化硫、氮氧化物、颗粒物、氟化物的监控点设在无组织排放源（　　　）浓度最高点,相对应的参照点设在排放源（　　　）。

A．下风向 2～50 m　　上风向 2～50 m

B．上风向 2～50 m　　下风向 2～50 m

C．下风向 10～50 m　　上风向 10～50 m

D．上风向 10～50 m　　下风向 10～50 m

22．建设项目竣工环境保护验收时，废气无组织排放的监测频次一般不得少于 2 d，每天 3 次，每次（　　　）。

A．连续 1 h 采样或在 1 h 内等时间间隔采样 4 个

B．连续 1 h 采样

C．在 1 h 内等时间间隔采样 4 个

D．连续 2 h 采样或在 2 h 内等时间间隔采样 8 个

23．建设项目竣工环境保护验收时，对有明显生产周期的建设项目，废气的采样和测试一般为 2～3 个生产周期，每个周期（　　　）。

A．1～2 次　　　　B．1～3 次　　　　C．3～5 次　　　　D．2～4 次

24．建设项目竣工环境保护验收时，废气无组织排放，一氧化碳的监控点设在单位周界外（　　　）范围内浓度最高点。

A．5 m　　　　　B．10 m　　　　　C．15 m　　　　D．20 m

25．建设项目竣工环境保护验收时，对非稳定废水连续排放源，采用等时采样方法测试时，每个周期依据实际排放情况，按每（　　　）采样和测试一次。

A．1～2 h　　　　B．1～3 h　　　　C．2～3 h　　　　D．3～4 h

26．建设项目竣工环境保护验收时，废气无组织排放的监测频次一般不得少于（　　　），每天（　　　），每次连续 1 h 采样或在 1 h 内等时间间隔采样 4 个。

A．1 d　2 次　　　B．2 d　4 次　　　C．1 d　3 次　　　D．2 d　3 次

27. 建设项目竣工环境保护验收时，对型号、功能相同的多个小型环境保护设施，废气无组织排放的监测随机抽测设施比例不小于同样设施总数的 （　　　）。

　　A. 60%　　　　　　B. 50%　　　　　　C. 70%　　　　　　D. 40%

28. 建设项目竣工环境保护验收时，对生产稳定且污染物排放有规律的废水排放源，以生产周期为采样周期，采样不得少于（　　　）周期，每个周期3～5次。

　　A. 2个　　　　　　B. 3个　　　　　　C. 4个　　　　　　D. 1个

29. 建设项目竣工环境保护验收时，对非稳定废水连续排放源，一般应采用加密的等时间采样和测试方法，一般以每日开工时间或 24 h 为周期，采样不少于（　　　）周期。

　　A. 1个　　　　　　B. 2个　　　　　　C. 3个　　　　　　D. 4个

30. 建设项目竣工环境保护验收时，厂界噪声监测频次一般不少于连续（　　　）昼夜。

　　A. 1　　　　　　　B. 2　　　　　　　C. 3　　　　　　　D. 4

31. 建设项目竣工环境保护验收时，厂界噪声监测无连续监测条件的应测 2 天，昼夜（　　　）。

　　A. 各 4 次　　　　B. 各 3 次　　　　C. 各 1 次　　　　D. 各 2 次

32. 建设项目竣工环境保护验收时，高速公路噪声监测应在公路两侧距路肩小于或等于 200 m 范围内选取至少（　　　）有代表性的噪声敏感区域，分别设点进行监测。

　　A. 4个　　　　　　B. 3个　　　　　　C. 5个　　　　　　D. 6个

33. 建设项目竣工环境保护验收时，高速公路噪声监测应在公路垂直方向距路肩（　　　）设点进行噪声衰减测量。

　　A. 30 m、60 m、90 m、120 m、180 m　　　B. 15 m、30 m、60 m、120 m、150 m

　　C. 20 m、40 m、60 m、80 m、120 m　　　　D. 10 m、20 m、40 m、80 m、160 m

34. 建设项目竣工环境保护验收时，高速公路噪声监测应在声屏障保护的敏感建筑物户外（　　　）处布设观测点位，进行声屏障的降噪效果测量。

　　A. 3 m　　　　　　B. 1.5 m　　　　　C. 2 m　　　　　　D. 1 m

35. 建设项目竣工环境保护验收时，高速公路噪声监测，应选择车流量有代表性的路段，在距高速公路路肩（　　　），高度大于 1.2 m 范围内布设 24 h 连续测量点位。

　　A. 50 m　　　　　　B. 60 m　　　　　C. 70 m　　　　　D. 80 m

36. 建设项目竣工环境保护验收时，高速公路噪声敏感区域和噪声衰减测量，连续测量（　　　），每天测量（　　　），昼、夜间各 2 次。

　　A. 2 d　4 次　　　B. 1 d　2 次　　　C. 3 d　2 次　　　D. 2 d　8 次

37. 建设项目竣工环境保护验收时，水环境质量测试一般为（　　　）d，1～2 次/d。

A. 2~3   B. 1   C. 1~3   D. 2

38. 建设项目竣工环境保护验收时，环境空气质量测试一般不少于（   ）d。

A. 2   B. 1   C. 3   D. 4

39. 建设项目竣工环境保护验收时，环境噪声测试一般不少于（   ）d。

A. 2   B. 1   C. 3   D. 4

40. 建设项目竣工环境保护验收时，振动监测点应置于建筑物室外 （   ）振动敏感处。

A. 0.5 m 以内   B. 1 m 以内   C. 1.5 m 以内   D. 2 m 以内

41. 建设项目竣工环境保护验收时，电磁辐射的监测频次是在正常工作时段上，每个监测点监测 （   ）。

A. 4 次   B. 3 次   C. 2 次   D. 1 次

42. 建设项目竣工环境保护验收时，噪声监测因子是（   ）。

A. 倍频带声压级   B. 等效连续 A 声级   C. 总声级   D. A 声级

43. 建设项目竣工环境保护验收时，对工业企业而言，噪声监测点一般设在工业企业单位法定厂界外（   ）、高度（   ）处。

A. 0.5 m 1 m   B. 1 m 1.2 m   C. 1 m 1.5 m   D. 1.2 m 1.5 m

二、不定项选择题（每题的备选项中至少有一个符合题意）

1. 《建设项目竣工环境保护验收管理办法》明确将建设项目分为（   ）。

A. 以第一、第二产业影响为主的项目   B. 以污染排放为主的项目

C. 以生态影响为主的项目   D. 以第三产业影响为主的项目

2. 建设项目竣工环境保护验收重点的依据主要包括（   ）。

A. 国家相关的产业政策及清洁生产要求项目

B. 国家法律法规、行政规章及规划确定的敏感区

C. 环境影响评价文件及其批复规定应采取的各项环境保护措施，以及污染物排放、敏感区域保护、总量控制要求

D. 项目可研、批复以及设计文件确定的项目建设规模、内容、工艺方法及与建设项目有关的各项环境设施

E. 公众调查时，当地居民要求应采取的各项环境保护措施

3. 建设项目竣工环境保护验收时，核查验收范围应包括（   ）。

A. 核查工程组成、辅助工程、公用部分等

B. 核实验收标准

C. 核查周围是否存在环境保护敏感区

D. 核实该项目环境保护设施建成及环保措施落实情况

4．建设项目竣工环境保护验收达标的主要依据是（　　　）。

　　A．生产安全达标　　　　　　　　B．污染物达标排放

　　C．环境质量达标　　　　　　　　D．总量控制满足要求

5．建设项目竣工环境保护验收的重点是（　　　）。

　　A．核查验收环境管理　　　　　　B．核实验收标准

　　C．核查验收工况　　　　　　　　D．核查验收监测（调查）结果

　　E．核查验收范围

6．下列哪些内容属建设项目竣工环境保护验收的重点？（　　　）

　　A．验收现场检查　　　　B．核查周围环境　　　　C．核查生产安全

　　D．核查验收工况　　　　E．验收结论

7．建设项目竣工环境保护验收监测与调查标准的选用原则包括（　　　）。

　　A．地方环境保护行政主管部门有关环境影响评价执行标准的批复以及下达的
　　　　污染物排放总量控制指标

　　B．环境监测方法应选择与环境质量标准、排放标准相配套的方法

　　C．综合性排放标准优先行业排放标准执行

　　D．建设项目环保初步设计中确定的环保设施设计指标

　　E．国家、地方环境保护行政主管部门对建设项目环境影响评价批复的环境质
　　　　量标准和排放标准

8．建设项目竣工环境保护验收时，对大气有组织排放的点源，应对照行业要求，
考核（　　　）。

　　A．最高允许排放浓度　　　　　　B．最高允许排放速率

　　C．监控点与参照点浓度差值　　　D．周界外最高浓度点浓度值

9．建设项目竣工环境保护验收监测与调查的主要工作内容包括（　　　）。

　　A．环境保护敏感点环境质量的监测　　B．污染物达标排放监测

　　C．环境保护设施运行效果测试　　　　D．环境保护管理检查

　　E．生态调查的主要相关内容

10．建设项目竣工环境保护验收时，属于污染物达标排放监测的内容是（　　　）。

　　A．建设项目的无组织排放

　　B．各种废水、废气处理设施的处理效率

　　C．国家规定总量控制污染物指标的污染物排放总量

　　D．排放到环境中的各种有毒工业固（液）体废物及其浸出液

　　E．排放到环境中的各种废气、废水

11．建设项目竣工环境保护验收时，环境保护管理检查的内容有（　　　）。

　　A．施工期、试运行期扰民现象的调查

B. 清洁生产

C. "以新带老"环保要求的落实

D. 工业固（液）体废物处理设施的处理效率

E. 事故风险的环保应急计划

12. 建设项目竣工环境保护验收时，生态调查的主要内容包括（　　　）。

A. 针对建设项目已产生的环境破坏或潜在的环境影响提出补救措施或应急措施

B. 开展公众意见调查，了解公众对项目各期环境保护工作的满意度，对当地经济、社会、生活的影响

C. 建设项目已采取的生态保护、水土保持措施的实施效果

D. 建设项目在施工、运行期落实环境影响评价文件、工程设计文件以及各级环境保护行政主管部门批复文件所提生态保护措施的情况

13. 建设项目竣工环境保护验收时，验收调查评价判别标准主要包括（　　　）。

A. 废水、废气、噪声监测标准　　　B. 国家、行业和地方规定的标准和规范

C. 背景或本底标准　　　　　　　　D. 科学研究已判定的生态效应

14. 验收调查报告编制的技术总体要求是（　　　）。

A. 正确确定验收调查范围和适用的调查方法　　　B. 质量保证和质量控制

C. 明确验收调查重点　　　　　　　　　　　　　D. 选取验收调查因子

E. 分析评价方法和评价判别标准的确定

15. 建设项目竣工环境保护验收时，当生态类建设项目同时满足下列（　　　）要求时，可以通过工程竣工环保验收。

A. 目前遗留的环境影响问题能得到有效处理解决

B. 防护工程本身符合设计、施工和使用要求

C. 不存在重大的环境影响问题

D. 环评及批复所提环保措施得到了落实

E. 有关环保设施已建成并投入正常使用

参考答案

一、单项选择题

1. B　2. B　3. C　4. D　5. D　6. C　7. A　8. D　9. A　10. B　11. D　12. B　13. C　14. B　15. C

16. B　【解析】实验室分析过程一般也应加不少于10%的平行样。有标准样品或质量控制样品的项目，应在分析的同时做10%的质控样品分析；对无标准样品

或质量控制样品的项目，且可进行加标回收测试的，应在分析的同时做 10%加标回收样品分析。也就是说这几种情况的数字都是"10%"。

17. D

18. A　【解析】固体废物监测与水质监测的要求基本一样。

19. D　20. B　21. A　22. A　23. C

24. B　【解析】二氧化硫、氮氧化物、颗粒物、氟化物的监控点设在无组织排放源下风向 2～50 m 浓度最高点，其余污染物的监控点设在单位周界外 10 m 范围内浓度最高点。

25. C　【解析】相同条件下，废气按每 2～4 h 采样和测试一次。

26. D　27. B

28. A　【解析】相同条件下，废气的采样周期为 2～3 个，每个周期 3～5 次。

29. C　【解析】相同条件下，废气的采样周期与废水一样。

30. B　31. D　32. C　33. C　34. D　35. B　36. A　37. C　38. C　39. A　40. A　41. D　42. B　43. B

二、不定项选择题

1. BC　2. ABCD　3. ACD　4. BCD　5. ABCDE　6. ADE

7. ABDE　【解析】选项 C 的正确说法是：综合性排放标准与工业排放标准不交叉执行。

8. AB　【解析】选项 C 和 D 是大气无组织排放的点源应考核的内容。

9. ABCDE

10. ACDE　【解析】选项 B 是"环境保护设施运行效果测试"的内容。厂界噪声，公路、铁路及城市轨道交通噪声，码头、航道、机场周围飞机噪声也属达标排放监测的内容。

11. ABCE　【解析】环境保护管理检查的内容，其中选项 ABC 的内容易被考生忽略。

12. ABCD　13. BCD

14. ACDE　【解析】选项 B 属验收监测报告的技术要求。

15. ABCDE

第十一章 综合练习（一）

一、单项选择题（每题的备选选项中，只有一个最符合题意）

1. 在建设项目环境风险评价中，通常按（ ）估算危险化学品泄漏量。

  A．一般可能发生的事故　　　　　　　　B．95%可信事故

  C．概率为 10^{-4} 的事故　　　　　　　　　D．最大可信事故

2. 在建设项目环境风险评价中，识别重大危险源需根据功能单元的（ ）。

  A．危险物质毒性　　　　　　　　　　　B．风险物质数量

  C．发生重大事故的概率　　　　　　　　D．发生重大事故的可信度

3. 某工业项目使用液氨为原料，每年工作 8 000 h，用液氨 1 000 t（折纯），其中 96%的氨进入主产品，3.5%的氨进入副产品，0.3%的氨进入废水，剩余的氨全部以无组织形式排入大气。则用于计算卫生防护距离的氨排放参数是（ ）。

  A．0.15 kg/h　　B．0.25 kg/h　　C．0.28 kg/h　　D．0.38 kg/h

4. 某厂燃煤锅炉烟气排放量为 2×10^4 m³/h，SO_2 浓度为 800 mg/m³，排放浓度符合国家规定的排放标准要求，假定锅炉全年运行 7 200 h，该厂 SO_2 排放总量控制指标建议值可为（ ）。

  A．384 kg/d　　B．18 kg/h　　C．140.16 t/a　　D．115.20 t/a

5. 工程分析中将没有排气筒的源或高度低于（ ）排气筒的源定位无组织排放源。

  A．15 m　　　B．20 m　　　C．25 m　　　D．30 m

6. 某建设项目，排气筒 A 和 B 相距 40 m，高度分别为 25 m 和 40 m，排放同样的污染物。排气筒 A、B 排放速率分别为 0.52 kg/h 和 2.90 kg/h，其等效排气筒排放速率是（ ）。

  A．1.7 kg/h　　　B．1.83 kg/h　　　C．2.95 kg/h　　　D．3.42 kg/h

7. 大气颗粒污染物按气态考虑时，其粒径应为（ ）。

  A．小于 15 μm　　　　　　　　　　　B．小于 30 μm

  C．小于 50 μm　　　　　　　　　　　D．小于 100 μm

8. 某城市有 6 个环境空气例行监测点,各点 TSP 日平均浓度监测值如下表,TSP 日平均浓度执行《环境空气质量标准》(GB 3095—1996)的二级标准（0.30 mg/m³），

该城市现状监测值的最大超标倍数为（　　　）。

点位	TSP日平均浓度/（mg/m³）	点位	TSP日平均浓度/（mg/m³）
1	0.20～0.27	4	0.20～0.36
2	0.25～0.31	5	0.3～0.42
3	0.21～0.25	6	0.18～0.28

A．0.1倍　　　　B．0.2倍　　　　C．0.4倍　　　　D．0.5倍

9．某监测点全年SO_2质量监测数据200个，其中有30个超标，5个未检出，5个不符合监测技术规范要求，SO_2全年超标率为（　　　）。

A．15.0%　　　B．15.4%　　　C．15.8%　　　D．17.0%

10．某监测点TSP日平均浓度为0.36 mg/m³，超过环境空气质量二级标准，其超标倍数为（　　　）。

A．0.2　　　　B．1.2　　　　C．2.0　　　　D．2.2

11．某车间烟气的原含尘浓度是15 000 mg/m³时，除尘器的除尘效率至少要达到（　　）才能满足排放标准100 mg/m³的要求。

A．98.5%　　　B．99.0%　　　C．99.2%　　　D．99.3%

12．已知采样时的饱和溶解氧浓度估算为9.0 mg/L，河流断面实测溶解氧为10.0 mg/L，该断面执行地表水Ⅲ类标准，溶解氧限值5.0 mg/L，则该断面溶解氧的标准指数为（　　　）。

A．－0.25　　　B．0.25　　　C．2.0　　　　D．5.0

13．甲地区环境空气现状监测中，测得二氧化氮小时地面浓度最大值为0.28 mg/m³，执行环境质量二级标准（0.24 mg/m³），其超标倍数是（　　　）。

A．2.33　　　　B．1.33　　　　C．1.17　　　　D．0.17

14．若进行一年二氧气化硫的环境质量监测，每天测12小时，每小时采样时间45分钟以上，每月测12天。在环评中这些资料可用于统计分析二氧化硫的（　　　）。

A．1小时平均浓度　　　　　　　　B．日平均浓度

C．季平均浓度　　　　　　　　　　D．年平均浓度

15．统计风玫瑰图资料时，除考虑十六个方位的风向频率外，还需统计（　　　）。

A．静风频率　　B．风速频率　　C．小风频率　　D．大气稳定度

16．某建成项目有两个排气筒，据实际需要两根排气筒的高度都为12 m，SO_2实际排放速率一根为1.0 kg/h，另一根为0.8 kg/h；两根排气筒的直线距离为10 m。该项目排气筒SO_2排放速率是否达标？（15 m排气筒执行最高允许排放速率为3.0 kg/h）（　　　）。

A．达标   B．不达标   C．无法确定

17．根据危险废物安全填埋入场要求，禁止填埋的是（   ）。

  A．含水率小于 75% 的废物   B．含铜、铬固体废物

  C．医疗废物   D．含氧化物固体废物

18．拟建危险废物填埋场的天然基础层饱和渗透系数大于 1.0×10^{-6} cm/s，应选择渗透系数不大于（   ）的人工合成材料进行防渗处理。

  A．1.0×10^{-7} cm/s   B．1.0×10^{-9} cm/s

  C．1.0×10^{-12} cm/s   D．1.0×10^{-11} cm/s

19．建设项目竣工环保验收监测中，对有明显生产周期的废气排放源，采样和测试一般应选择（   ）个生产周期为宜。

  A．1   B．2～3   C．4～5   D．6～7

20．某企业 A 车间废水量 100 t/d，废水水质为 pH 值 2.0，COD 浓度 2 000 mg/L；B 车间废水量也为 100 t/d，废水水质为 pH 值 6.0，COD 浓度 1 000 mg/L，上述 A、B 车间废水纳入污水站混合后水质为（   ）。

  A．pH 值 4.0，COD 1 500 mg/L   B．pH 值 4.0，COD 1 800 mg/L

  C．pH 值 2.3，COD 1 500 mg/L   D．pH 值 3.3，COD 1 800 mg/L

21．某河流的水质监测断面如下图所示，用两点法测定河流的耗氧系数 K_1，应采用（   ）断面平均水质监测数据。

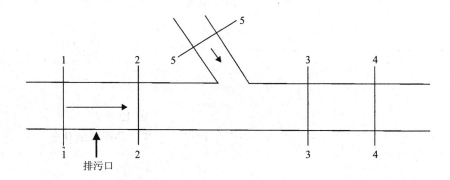

  A．1、2   B．1、3   C．3、4   D．1、4

22．某河流的水质监测断面如图所示，用两点法测定河流的耗氧系数 K_1，应采用（   ）断面平均水质监测数据。

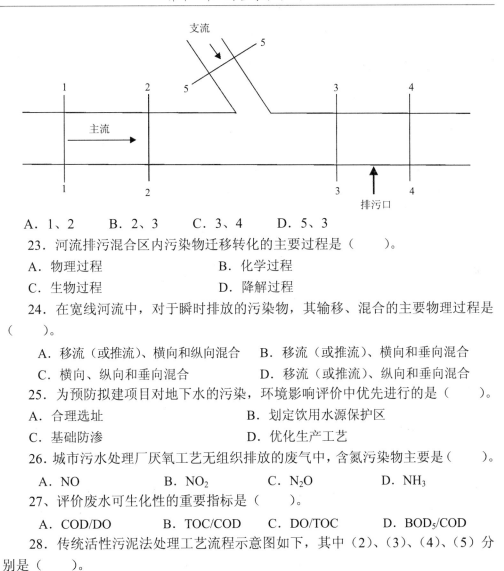

A. 1、2   B. 2、3   C. 3、4   D. 5、3

23. 河流排污混合区内污染物迁移转化的主要过程是（   ）。

A. 物理过程   B. 化学过程

C. 生物过程   D. 降解过程

24. 在宽线河流中，对于瞬时排放的污染物，其输移、混合的主要物理过程是（   ）。

A. 移流（或推流）、横向和纵向混合   B. 移流（或推流）、横向和垂向混合

C. 横向、纵向和垂向混合   D. 移流（或推流）、纵向和垂向混合

25. 为预防拟建项目对地下水的污染，环境影响评价中优先进行的是（   ）。

A. 合理选址   B. 划定饮用水源保护区

C. 基础防渗   D. 优化生产工艺

26. 城市污水处理厂厌氧工艺无组织排放的废气中，含氮污染物主要是（   ）。

A. NO   B. NO_2 C. N_2O D. NH_3

27. 评价废水可生化性的重要指标是（   ）。

A. COD/DO   B. TOC/COD   C. DO/TOC   D. BOD_5/COD

28. 传统活性污泥法处理工艺流程示意图如下，其中（2）、（3）、（4）、（5）分别是（   ）。

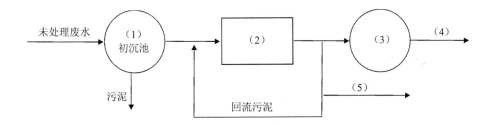

A. 二沉池、曝气池、出水、剩余污泥

B. 曝气池、二沉池、出水、剩余污泥

C. 曝气池、污泥浓缩池、出水、干化污泥

D. 曝气池、二沉池、剩余污泥、出水

29. 湖泊、水库水质完全混合模式是（　　）模型。

A. 三维　　　　　B. 二维　　　　　C. 一维　　　　　D. 零维

30. 单一河流处于恒定均匀流动条件下，假定某种可降解污染物符合一阶降解规律，降解速率 K_1 沿程不变。排放口下游 20 km 处的该污染物浓度较排放点下降 50%，在排放口下游 40 km 范围内无其他污染源，则在下游 40 km 处的污染物浓度较排放点处浓度下降（　　）。

A. 70%　　　　　B. 75%　　　　　C. 80%　　　　　D. 85%

31. 河流一维稳态水质模型 $C=C_0e^{-kx/u}$ 可以用于（　　）的水质预测。

A. 密度小于或等于 1 的可溶性化学品　　　B. 吸附态有机物

C. 重金属　　　　　　　　　　　　　　　D. 密度大于 1 的化学品

32. 采用河流一维水质模型进行水质预测，至少需要调查（　　）等水文、水力学特征值。

A. 流量、水面宽、粗糙系数　　　B. 流量、水深、坡度

C. 水面宽、水深、坡度　　　　　D. 流量、水面宽、水深

33. 已知某河段长 10 km，规定的水环境功能为Ⅲ类（DO≥5 mg/L），现状废水排放口下游 3 km 和 10 km 处枯水期的 DO 浓度值分别为 5.0 mg/L 和 5.5 mg/L。采用已验证的水质模型进行分析，发现在该排放口下游 4～6 km 处存在临界氧亏点。因此，可判定该河段（　　）。

A. DO 浓度值满足水环境的功能要求　　B. 部分河段 DO 浓度值未达标

C. 尚有一定的 DO 环境容量　　　　　　D. 现状废水排放口下游 2 km 内 DO 达标

34. COD 反映的是污水中（　　）。

A. 有机物在氧化分解时耗用的氧量　　　　B. 可生化降解的有机物含量

C. 全部有机物总量　　　　　　　　　　　D. 可氧化的物质含量

35. 在排污企业排放污染物核算中，通过监测并计算核定日平均水污染物排放量后，按（　　）计算污染物年排放总量。

A. 建设单位所属行业平均年工作天数　　B. 建设单位年工作的计划天数

C. 建设单位年工作的实际天数　　　　　D. 行业排放系数

36. 由于大气降水使表层土壤中的污染物在短时间内以饱和状态渗流形式进入含水层，这种污染属于（　　）污染。

A. 间歇入渗型　　　　　　　　　　B. 连续入渗型

C. 含水层间越流型　　　　　　　　D. 径流型

37．适用于河网地区一维水质模拟分析的水文水力学调查，至少包括（　　）等参量。

　A．流量、流速和水深　　　　　　　　B．流速、河宽和水深

　C．流量、流速和水位　　　　　　　　D．流速、底坡降和流量

38．已知干、支流汇流前的流量分别为 9 m^3/s、1 m^3/s，氨氮浓度分别为 0.2 mg/L、2.0 mg/L，汇流混合后的氨氮平均浓度为（　　）。

　A．1.10 mg/L　　B．0.48 mg/L　　C．0.42 mg/L　　D．0.38 mg/L

39．城市污水处理厂尾水排入河流，排放口下游临界氧亏点的溶解氧浓度一般（　　）该排放口断面的溶解氧浓度。

　A．高于　　　　B．低于　　　　C．略高于　　　　D．等于

40．某河流拟建引水式电站，将形成 6 km 的减水河段，减水河段无其他水源汇入，下游仅有取水口一个，取水量 2 m^3/s，若减水河段最小生态需水量为 10 m^3/s，问大坝至少应下放的流量为（　　）。

　　A．2 m^3/s　　　　B．8 m^3/s　　　　C．10 m^3/s　　　　D．12 m^3/s

41．某拟建项目厂址位于平原地区，为调查厂址附近地下潜水水位和流向，应至少布设潜水监测井位（　　）。

　A．1 个　　　　B．2 个　　　　C．3 个　　　　D．4 个

42．水污染通过地下岩溶孔道进入含水层造成地下水污染，按污染途径判断该污染类型属于（　　）。

　A．间歇入渗型　　　　　　　　　B．连续入渗型

　C．径流型　　　　　　　　　　　D．含水层间越流型

43．一般认为导致水体富营养化的原因是（　　）的增加。

　A．氮、磷　　　　　　　　　　　B．pH，叶绿素 a

　C．水温、水体透明度　　　　　　D．藻类数量

44．集中式生活饮用水地表水源地硝基苯的限值为 0.017 mg/L。现有一河段连续 4 个功能区（从上游到下游顺序为 Ⅱ、Ⅲ、Ⅳ、Ⅴ 类）的实测浓度分别为 0.020 mg/L、0.019 mg/L、0.018 mg/L 和 0.017 mg/L。根据标准指数法判断可能有（　　）功能区超标。

　A．1 个　　　　B．2 个　　　　C．3 个　　　　D．4 个

45．通用水土流失方程式 $A=R \cdot K \cdot L \cdot S \cdot C \cdot P$ 中，A 是指（　　）。

　A．土壤侵蚀模数　　　　　　　　B．土壤侵蚀面积

　C．水土流失量　　　　　　　　　D．土壤可蚀性因子

46．某次样方调查资料给出了样方总数和出现某种植物的样方数，据此可以计算出该种植物的（　　）。

A．密度 　　B．优势度 　　C．频度 　　D．多度

47．根据初始瓶的溶氧量（IB）、黑瓶的溶氧量（DB）、白瓶的溶氧量（LB）测定初级生产量，净初级生产量等于（　　）。

A．LB－IB 　　B．IB－DB 　　C．LB－DB 　　D．IB＋DB

48．描述物种在群落中重要程度的指标是（　　）。

A．样方数、采样频次和样方面积

B．相对密度、相对优势度和相对频度

C．种数、种类与区系组成

D．种类总和、样地总面积和样地总数量

49．在环境影响评价中做好（　　）是生态影响评价的重要基础。

A．群落结构分析 　　　　B．物种评价

C．现状调查 　　　　　　D．水土流失预测

50．对敏感生态保护目标可采取生态补偿、选址选线避让和使生态影响最小化等措施，其采用顺序应该是（　　）。

A．选址选线避让—生态影响最小化—生态补偿

B．生态补偿—选址选线避让—生态影响最小化

C．生态影响最小化—生态补偿—选址选线避让

D．生态影响最小化—选址选线避让—生态补偿

51．生态制图过程中的图件配准是对不同投影、不同比例尺、不同类型的图件进行投影转换和同比例尺转换，以最大可能地满足（　　）要求。

A．视觉 　　B．精度 　　C．分辨率 　　D．图幅尺寸

52．用放射性标记物测定自然水体中的浮游植物光合作用固定的某元素要用"暗呼吸"法做校正，这是因为植物在黑暗中能吸收（　　）。

A．O^2 　　B．H^2 　　C．N^2 　　D．^{14}C

53．某新建公路拟经过国家重点保护植物集中分布地，工程方案中应优先采取的措施是（　　）。

A．迁地保护 　　B．育种种植 　　C．货币补偿 　　D．选线避让

54．用黑白瓶测定水体初级生产量，得出初始瓶（IB）、黑瓶（DB）和白瓶（LB）的溶解氧量分别为 5.0 mg/L、3.5 mg/L 和 9.0 mg/L，则净初级生产量和初级生产量分别是（　　）。

A．4.0 mg/L 和 5.5 mg/L 　　　　B．5.5 mg/L 和 1.5 mg/L

C．4.0 mg/L 和 1.5 mg/L 　　　　D．1.5 mg/L 和 5.5 mg/L

55．风力侵蚀强度分级指标包括（　　）。

A．植被覆盖度、年平均风速和年风蚀厚度

B. 年平均风速、植被覆盖度和侵蚀模数

C. 植被覆盖度、年风蚀厚度和侵蚀模数

D. 侵蚀模数、年风蚀厚度和年平均风速

56. 公路建设过程中控制（　　）是减少生态影响的重要措施。

A. 施工进度　　　　　　　　　B. 施工机械数量

C. 作业时段　　　　　　　　　D. 作业带宽度

57. 在无法获得项目建设前的生态质量背景资料时，应首选（　　）作为背景资料进行类比分析。

A. 当地长期科学观测累积的数据资料

B. 同一气候带类似生态系统类型的资料

C. 全球按气候带和生态系统类型的统计资料

D. 当地地方志记载的有关资料

58. 当建设项目对生态敏感保护目标可能产生影响时，采取的最好保护措施是（　　）。

A. 避让　　　B. 补偿　　　C. 迁移　　　D. 隔离

59. 寒温带分布的地带性植被类型为（　　）。

A. 雨林　　　　　　　　　　　B. 针阔混交林

C. 常绿阔叶林　　　　　　　　D. 落叶针叶林

60. 某高速公路建设项目竣工环保验收调查时，进行了噪声衰减监测和声环境敏感区监测，未进行车流量监测，由监测统计分析结果可以给出噪声衰减规律和（　　）。

A. 设计工况环境保护目标达标状况　　B. 噪声影响状况

C. 防护措施降噪效果　　　　　　　　D. 设计工况声环境达标距离

61. 反映地面生态学特征的植被指数 NPVI 是指（　　）。

A. 比值植被指数　　　　　　　B. 农业植被指数

C. 归一化差异植被指数　　　　D. 多时植被指数

62. 输气管道建成后，适合在其上方覆土绿化的植物物种是（　　）。

A. 松树　　　　　　　　　　　B. 柠条

C. 杨树　　　　　　　　　　　D. 苜蓿

63. 某隧道工程穿越石灰岩地区，在环境影响评价中，应特别重视（　　）。

A. 水文地质条件　　　　　　　B. 隧道长度

C. 出渣量　　　　　　　　　　D. 爆破方式

64. 在鱼道设计中必须考虑的技术参数是（　　）。

A. 索饵场分布　　　　　　　　B. 水流速度

    C．河流水质   D．鱼类驯化

65．某工程位于华南中低山区，年降水量 1 300 mm 左右，取土场生态恢复拟采用自然恢复方式，数年后可能出现的植被类型是（   ）。

    A．云杉群落   B．红松群落

    C．华山松群落   D．马尾松群落

66．大气环境影响评价等级为二级时，统计地面长期温度气象资料的内容是（   ）。

    A．小时平均气温的变化情况   B．日平均气温的变化情况

    C．旬平均气温的变化情况   D．月平均气温的变化情况

67．布袋除尘器的工作原理是（   ）。

    A．重力分离   B．惯性分离

    C．离心分离   D．过滤分离

68．适合高效处理高温、高湿、易燃易爆含尘气体的除尘器是（   ）。

    A．重力沉降室   B．袋式除尘器

    C．旋风除尘器   D．湿式除尘器

69．含汞废气的净化方法是（   ）。

    A．吸收法   B．氧化还原法

    C．中和法   D．催化氧化还原法

70．某新建项目大气环境影响评价等级为二级，评价范围内有一在建的 120 万 t/a 焦化厂，无其他在建、拟建项目。区域污染源调查应采用（   ）。

    A．焦化厂可研资料

    B．类比调查资料

    C．物料衡算结果

    D．已批复的焦化厂项目环境影响报告书中的资料

71．某项目采用甲苯作溶剂，废气中甲苯产生量 100 kg/h，废气采用两级净化，活性炭吸附去除率为 90%，水洗塔去除率为 5%。废气中甲苯最终量为（   ）。

    A．5.0 kg/h   B．9.5 kg/h   C．10.0 kg/h   D．95.0 kg/h

72．某项目大气环境影响评价中，评价范围内有一敏感点。项目东面 100 m 处有一块空地拟建设一家化工企业，该化工企业已取得环评批文，从化工项目环境影响评价报告中查知：敏感点 SO_2 小时平均浓度预测值为 0.055 mg/m³，最大地面小时浓度预测值为 0.080 mg/m³。敏感点的相关资料见表 1，评价范围内相关资料见表 2，该敏感点的 SO_2 小时平均浓度和评价范围内最大地面小时浓度影响叠加值分别为（   ）mg/m³（假设化工企业预测的最大地面小时浓度点与某项目预测的最大地面小时浓度点相同）。

表 1　敏感点 SO₂ 小时平均浓度数据表　　　　　单位：mg/m³

	最大值	最小值	平均值
现状监测值	0.060	0.024	0.042
预测值	0.035	0.010	0.022

表 2　评价范围内 SO₂ 小时浓度数据表　　　　　单位：mg/m³

	最大值	最小值	平均值
现状监测值	0.080	0.020	0.065
最大地面浓度预测值	0.095		

A. 0.095；0.175　　　　　　　　　　B. 0.15；0.16

C. 0.15；0.24　　　　　　　　　　　D. 0.137；0.24

73. 对空气柱振动引发的空气动力性噪声的治理，一般采用（　　）的措施。

A. 安装减振垫　　　　　　　　　　B. 安装消声器

C. 加装隔声罩　　　　　　　　　　D. 设置声屏障

74. 在评价噪声源现状时，评价量为最大 A 声级的是（　　）。

A. 稳态噪声　　　　　　　　　　　B. 偶发噪声

C. 起伏较大的噪声　　　　　　　　D. 脉冲噪声

75. 某建筑工地采用振捣棒作业时，噪声源 5 m 处的噪声级为 84 dB，距作业点 40 m 处住宅楼户处环境噪声为 67 dB。当振动棒不作业时，该住宅楼外环境背景噪声是（　　）。

A. 55 dB　　　　B. 60 dB　　　　C. 63 dB　　　　D. 66 dB

76. 无限长线声源 10 m 处噪声级为 82 dB，在自由空间传播约至（　　）处噪声级可衰减为 70 dB。

A. 40 m　　　　B. 80 m　　　　C. 120 m　　　　D. 160 m

77. 对公路建设项目进行环境保护验收，为获得噪声衰减规律，监测断面上各测点需（　　）布设。

A. 任意　　　B. 按敏感点分布　　　C. 在建筑物前　　　D. 按倍距离

78. 若已知室内各声源在室内产生的总声压级为 L_1（设室内近似为扩散声场），隔墙（或窗户）的传输损失为 TL，则室外的声压级 L_2 为（　　）。

A. L_1-TL　　　　　　　　　　　B. L_1-TL-6

C. L_1-TL-8　　　　　　　　　　D. L_1-TL+6

79. 公路项目环境影响评价的噪声防治措施中，应优先考虑（　　）

A. 声源控制　　　　　　　　　　　B. 声屏障

C. 线路与敏感目标的合理距离　　　　D. 个人防护

80. 噪声在传播过程中产生的几何发散衰减与声波的（　　）有关。

　　A. 周期　　　　　　　　　　　B. 频率

　　C. 传播距离　　　　　　　　　D. 波长

81. 某拟建工程的声源为固定声源，声环境影响评价范围内现有一固定声源，敏感点分布如下图，声环境现状监测点应优先布置在（　　）。

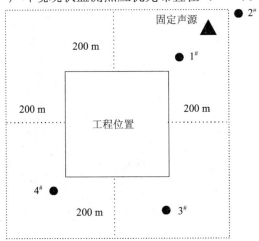

　　A. 1#敏感点　　　　　　　　　　　B. 2#敏感点

　　C. 3#敏感点　　　　　　　　　　　D. 4#敏感点

82. 环境振动监测中无规则振动采用的评价量为（　　）。

　　A. 铅垂向 Z 振级　　　　　　　　　B. 铅垂向 Z 振级量大值

　　C. 累计百分铅垂向 Z 振级　　　　　D. 累计百分振级

83. 我国现有环境噪声标准中，主要评价量为（　　）。

　　A. 等效声级和计权有效感觉噪声级

　　B. 等效声级和计权有效感觉连续噪声级

　　C. 等效连续 A 声级和计权等效连续感觉噪声级

　　D. A 计权等效声级和计权等效连续噪声级

84. 在一开阔硬质地面上作业的大型挖掘机声功率级为 95 dB，在只考虑几何发散衰减并忽略背景噪声情况下，利用点声源模式计算挖掘机 50 m 处理声级为（　　）。

　　A. 70 dB　　　B. 67 dB　　　C. 53 dB　　　D. 50 dB

85. 已知某车间（近似扩散声场）窗户的传输损失 TL 为 20 dB，靠近窗户的室内声级为 85 dB，则关窗时靠近窗户的室外声级为（　　）。

　　A. 59 dB　　　B. 65 dB　　　C. 71 dB　　　D. 75 dB

86. 点声源 A、B、C 在某一预测点处的噪声叠加值为 75 dB，其中 A、B 两声源对预测点产生的噪声值分别为 61 dB 和 67 dB，则 C 声源对预测点产生的噪声值为（   ）。

A. 71 dB   B. 72 dB   C. 73 dB   D. 74 dB

87. 某平直公路段长 5 km，路宽 7 m，距中心线 15 m 处噪声为 64 dB，不考虑背景噪声情况下，距公路中心线 30 m 处噪声为（   ）。

A. 55 dB   B. 57 dB   C. 59 dB   D. 61 dB

88. 计权等效连续感觉噪声级 WECPNL 计算公式中，昼间（7:00—19:00）、晚上（19:00—22:00）和夜间（22:00—7:00）飞行架次的权重取值分别是（   ）。

A. 1、3 和 10   B. 10、3 和 1   C. 2、3 和 10   D. 3、1 和 10

89. 位于自由空间的点声源 A 声功率级为 85 dB，在仅考虑几何发散衰减时，距声源 10 m 处的 A 声级为（   ）。

A. 85 dB   B. 65 dB   C. 57 dB   D. 54 dB

90. 对于拟建公路、铁路工程，环境噪声现状调查重点需放在（   ）。

A. 线路的噪声源强及其边界条件参数

B. 工程组成中固定噪声源的情况分析

C. 环境敏感目标分布及相应执行的标准

D. 环境噪声目标随时间和空间变化情况分析

91. 环境噪声的防治措施优先考虑的环节为（   ）。

A. 受体保护

B. 从声源上和传播途径上降低噪声

C. 从声源上降低噪声和受体保护

D. 从传播途径上降低噪声和受体保护

92. 以噪声为主的建设项目，为减轻对周边居民人群的影响，应优先采用的噪声防治措施是（   ）。

A. 居住人群搬迁   B. 设置声屏障

C. 加大噪声源与居住区的距离   D. 选用低噪声设备

93. 消声器主要用来降低（   ）。

A. 机械噪声   B. 电磁噪声

C. 空气动力性噪声   D. 撞击噪声

94. 从声源上降低噪声的措施是（   ）。

A. 敏感目标保护   B. 选用低噪声设备

C. 将噪声源置于地下   D. 调整声源与敏感目标距离

95. 某炼油厂有一露天泵站，型号基本相似，呈线状排列，长 60 m，在该泵站垂直平分线上，距中心点 5 m 处的声级为 80 dB（A），10 m 处声级为（   ）。

A. 74.0 dB（A） B. 75.5 dB（A）

C. 77.0 dB（A） D. 78.5 dB（A）

96. 现有工程检修期间，某敏感点环境噪声背景值为 50 dB（A），现有工程和扩建工程声源对敏感点的贡献值分别为 50 dB（A）、53 dB（A），该敏感点的预测值为（   ）。

A. 56 dB（A） B. 53 dB（A）

C. 51 dB（A） D. 50 dB（A）

97. 已知某一段时间内不同时刻的瞬时 A 声级，要求计算该时段内的等效声级，采用的计算方法是（   ）。

A. 算术平均法 B. 能量平均法

C. 几何平均法 D. 调和平均法

二、不定项选择题（每题的备选项中至少有一个符合题意）

1. 属大气污染源面源的有（   ）。

A. 车间 B. 工棚

C. 露天堆料场 D. 15 m 以下排气筒

E. 锅炉房 20 m 高度的烟囱

2. 声学中所称"声音的三要素"包括（   ）。

A. 发声体 B. 频率 C. 传播介质 D. 受声体

3. 制定生态影响型项目营运期生态跟踪监测方案时，以（   ）作为监测对象。

A. 植被 B. 国家重点保护物种

C. 地区特有物种 D. 对环境变化敏感的物种

4. 用于河流水质预测的 S-P 模式适合于（   ）水质预测。

A. BOD—DO B. BOD 连续稳定点源

C. 光合作用显著的河流 D. 光合作用可以忽略的河流

5. 清洁生产指标包括（   ）。

A. 资源能源利用指标 B. 污染物产生指标

C. 废物回收利用指标 D. 产值指标

E. 利润指标

6. 大气污染的常规控制技术分为（   ）等。

A. 洁净燃烧技术 B. 高烟囱烟气排放技术

C. 烟粉尘净化技术 D. 气态污染物净化技术

7. 在工业污染型项目的工程分析中，应具备的基本图件有（   ）。

A. 工厂平面布置图 B. 工艺流程图

　　C．物料平衡图　　　　　　　　　D．环境监测布点图

　　E．评价范围图

8．一般工业废水预处理单元事故池的主要作用是接纳（　　　）。

　　A．生产事故废水

　　B．风险事故泄漏的液态化学品

　　C．严重影响废水处理厂运行的事故废水

　　D．循环冷却水系处理厂运行的事故废水

9．在下列建设项目或规划中，（　　　）应划入可能产生"重大环境影响"之列。

　　A．跨流域调水工程　　　　　　　B．工业区改建规划

　　C．市区道路改建工程　　　　　　D．跨区域输变电工程

10．在固废填埋场中，控制渗滤液产生量的措施有（　　　）。

　　A．防止雨水在场地积聚　　　　　B．将地表径流引出场地

　　C．最终盖层采用防渗材料　　　　D．采取防渗措施防止地下水渗入

11．某拟建高速公路邻近省级森林生态系统类型的自然保护区实验区，环境影响评价需具备的基本生态图件有（　　　）。

　　A．土地利用现状图　　　　　　　B．植被分布现状图

　　C．重要保护物种分布图　　　　　D．拟建公路与自然保护区位置关系图

　　E．自然保护区功能分区图

12．城市污水处理厂污泥稳定过程中（　　　）。

　　A．厌氧消化　　　　　　　　　　B．好氧消化

　　C．化学稳定和混合　　　　　　　D．污泥浓缩

13．在城市垃圾填埋场的环境影响评价中，应（　　　）。

　　A．分析渗滤液的产生量与成分

　　B．评价渗滤液处理工艺的适用性

　　C．预测渗滤液处理排放的环境影响

　　D．评价控制渗滤液产生量的措施有效性

14．为满足噪声源噪声级的类比测量要求，应当选取与建设项目噪声源（　　　）进行。

　　A．相似的型号规格　　　　　　　B．相近的工况

　　C．相似的环境条件　　　　　　　D．相同的测量时段

15．采用两点法对河流进行耗氧系数 K_1 估值时，需要（　　　）等数据。

　　A．河段流量　　　　　　　　　　B．河段断面平均面积

　　C．两点间距离　　　　　　　　　D．两点的实测浓度

16．某北方河流，冬季及夏季模拟时段流量相同，已知氨氮冬季耗氧速率 K_{1w}，

夏季模拟氨氮耗氧速率 K_{1s} 时，可（　　）。

  A. 近似采用　$K_{1s} \approx K_{1w}$　　　　　　B. 根据温度修正 $K_{1s} > K_{1w}$

  C. 重新测定　K_{1s}　　　　　　　　　　D. 取 $K_{1s} < K_{1w}$

17. 生态影响评价中，陆生野生动物的调查内容一般应包括（　　）。

  A. 动物种类及区系组成　　　　　　B. 分布范围及生境状况

  C. 种群数量及繁殖规律　　　　　　D. 迁徙行为及迁徙通道

18. 用指标对比法时清洁生产评价的工作内容包括（　　）。

  A. 收集相关行业清洁生产标准　　B. 预测项目的清洁生产指标值

  C. 将预测值与清洁生产标准值对比 D. 得出清洁生产评价结论

  E. 提出清洁生产改进方案和建议

19. 在城市垃圾填埋场的环境影响评价中，应对（　　）进行分析或评价。

  A. 填埋场废气产量　　　　　　　　　B. 废气的综合利用途径

  C. 集气、导气系统失灵状况下的环境影响　D. 废气利用方案的环境影响

20. 公路建设项目环境影响评价中，减少占用耕地可行的工程措施有（　　）。

  A. 优化线路方案　　　　　　　　　B. 高填方路段收缩路基边坡

  C. 以桥梁代替路基　　　　　　　　D. 编制基本农田保护方案

21. 从河流 A 的上游筑坝，跨流域调水补给河流 B 的中游，其生态影响评价范围应包括（　　）。

  A. 河流 A 的上游　　　　　　　　B. 河流 A 的中、下游

  C. 河流 B 的中、下游　　　　　　D. 调水线路所穿越地区

22. 距离某空压机站 10 m 处声级为 80 dB（A），距离空压机站 150 m、180 m、300 m、500 m 各有一村庄。该空压机站应布置在距离村庄（　　）m 外，可满足 GB 3096—2008 中 2 类区标准要求。

  A. 150　　　　　B. 180　　　　　C. 300　　　　　D. 500

23. 属于环境风险源项的有（　　）。

  A. 系统故障导致高浓度 SO_2 事故排放　　B. 氨从储罐大量泄出

  C. 污水处理站事故排放　　　　　　D. 运输液氯的槽车事故泄漏

24. 进行河流水环境影响预测，需要确定（　　）等。

  A. 受纳水体的水质状况　　　　　　B. 拟建项目的排污状况

  C. 设计水文条件　　　　　　　　　D. 边界条件（或初始条件）

25. 景观生态学方法中，判定模地的指标有（　　）。

  A. 相对面积　　　　　　　　　　　B. 连通程度

  C. 动态控制功能　　　　　　　　　D. 空间结构

26. 城市垃圾卫生填埋场的渗滤液产生量与填埋场（　　）等有关。

A．面积   B．所在地的降雨量

C．所在地的蒸发量   D．垃圾含水率

27．某河流多年平均流量为 250 m^3/s，在流经城区河段拟建一集装箱货码头，在环境影响预测分析中需关注的内容应包括（　　）。

A．集中供水水源地   B．洄游性鱼类

C．浮游生物   D．局地气候

28．污染型建设项目的工程分析应给出（　　）等项内容。

A．工艺流程及产污环节   B．污染物源强核算

C．项目周围污染源的分布及源强   D．清洁生产水平

E．环保措施与污染物达标排放

29．在环境生态影响评价中应用生态机理分析法进行影响预测，需要（　　）等基础资料。

A．环境背景现状调查

B．动植物分布、动物栖息地和迁徙路线调查

C．种群、群落和生态系统的分布特点、结构特征和演化情况描述

D．珍稀濒危物种及具有重要价值的物种识别

30．陆地生态系统完整性指标包括（　　）。

A．群落结构和地表覆盖   B．特有种的可繁衍水平

C．与周边其他类型生态系统的分隔   D．生物多样性

31．用类比法预测河流筑坝对鱼类资源的影响时，类比调查应重点考虑（　　）。

A．工程特性与水文情势变化

B．饵料生物丰度

C．鱼类区系组成及其生活习性

D．有无洄游性、珍稀保护、地方特有鱼类

32．在生态影响型建设项目的环境影响评价中，选择的类比对象应（　　）。

A．与拟建项目性质相同

B．与拟建项目工程规模相似

C．与拟建项目具有相似的生态环境背景

D．与拟建项目类似且稳定运行一定时间

33．生态现状评价常用的方法有（　　）。

A．图形叠置法   B．生态机理分析法

C．景观生态学方法   D．情景分析法

E．系统分析法

34．在建设项目项目环境影响评价中，社会环境现状调查收集的资料包括

（　　）。

    A．文物古迹及分布　　　　　　　　B．人口及分布

    C．主要动、植物名录及分布　　　　D．经济发展概况

35．建设项目竣工环境保护验收的生态影响调查要考虑的主要内容有（　　　）。

    A．落实环评文件及主管部门批复意见所要求的生态保护措施

    B．生态保护措施的实施效果

    C．公众意见

    D．对已产生的生态破坏采取的补救措施及效果

36．对弃渣场进行工程分析时需明确（　　　）等。

    A．弃渣场的数量　　　　　　　　　B．弃渣场的占地类型及其面积

    C．弃渣量　　　　　　　　　　　　D．弃渣方式

    E．生态恢复方案

37．潮汐河口现状水质调查比较合理的采样时刻有（　　　）。

    A．大潮涨憩　　　　　　　　　　　B．小潮落憩

    C．小潮涨憩　　　　　　　　　　　D．大潮落憩

38．生态影响型建设项目工程分析中，应纳入生态影响源项分析的有（　　　）。

    A．占地类型和面积　　　　　　　　B．取弃土场位置和土石方量

    C．移民安置方案　　　　　　　　　D．生态恢复

39．水污染源调查中，属于点源排放的有（　　　）。

    A．农田退水　　　　　　　　　　　B．农村生活污水

    C．大型造纸厂排放污水　　　　　　D．城市污水处理厂排水

40．采用两点法进行耗氧系数 K_1 估值时，需要监测 A、B 两点的（　　　）等参数。

    A．BOD 浓度　　　　　　　　　　　B．氨氮浓度

    C．流速　　　　　　　　　　　　　D．水温

41．在环境影响评价中提出的污染物总量控制指标建议值应满足的要求有（　　　）。

    A．污染物达标排放　　　　　　　　B．影响区的环境质量达标

    C．国家或地方有关污染物控制总量　　D．环保投资符合项目投资概算

42．建设项目竣工环境保护验收监测包含的主要内容有（　　　）。

    A．环保设施运行效果测试　　　　　B．污染物排放达标情况监测

    C．敏感点环境质量监测　　　　　　D．区域污染源监测

43．按照水力学特点分类，地下水污染途径大致可分为四种类型。污染物从上到下经包气带进入含水层的类型有（　　　）。

A．间歇入渗型　　　　　　　　B．连续入溶型

C．径流型　　　　　　　　　　D．含水层间越流型

44．当污染物由上而下经包气带进入含水层，其对地下水的污染程度主要取决于包气带的（　　）。

A．地质结构　　　　　　　　　B．岩性

C．厚度　　　　　　　　　　　D．渗透性

45．收集的某地下水监测井年内丰、枯水期两期地下水监测资料，水质监测项目区有 18 项，均为《地下水质量标准》（GB/T 14848—93）规定的监测项目，可利用该资料进行（　　）。

A．单项组分评价　　　　　　　B．综合评价

C．地下水级别划分　　　　　　D．污染物迁移特征分析

46．进行河流稳态水质模拟预测必须确定（　　）。

A．污染物排放位置、排放强度　　　B．水文条件

C．受纳水体背景浓度　　　　　　　D．水质模型参数值

E．初始条件

47．控制燃煤锅炉 SO_2 排放的有效方法是（　　）。

A．炉内喷钙　　　　　　　　　B．石灰石—石膏湿法

C．循环流化床锅炉　　　　　　D．氨法

E．燃用洁净煤

48．生态影响预测应包括（　　）方面的分析。

A．生态影响因素　　　　　　　B．生态影响受体

C．生态影响效应　　　　　　　D．生态防护措施

49．控制燃煤锅炉 NO_x 排放的有效方法有（　　）。

A．非选择性催化还原法　　　　B．选择性催化还原法

C．炉内喷钙法　　　　　　　　D．低氮燃烧技术

50．对于山林、草原、农地等进行非点源调查时，应调查（　　）。

A．化肥流失率　　　　　　　　B．农药施用量

C．生物多样性　　　　　　　　D．化肥施用量

51．对于一个选址符合环保要求的拟建垃圾填埋场，控制和预防地下水污染的措施包括（　　）。

A．防渗工程　　　　　　　　　B．渗滤液疏导、处理工程

C．雨水截流工程　　　　　　　D．渗滤液系统监测系统

52．露天矿开采项目竣工环保验收中，生态影响调查选择的环境危害因子有（　　）。

A. 局地气候变化　　　　　　B. 废水

C. 土地资源退化　　　　　　D. 废气

53. 利用遥感资料可给出的信息有（　　　）。

A. 植被类型及其分布　　　　B. 土地利用类型及其面积

C. 土壤类型及其分布　　　　D. 群落结构及物种组成

54. 动物调查的内容一般应包括（　　　）。

A. 动物的种类　　　　　　　B. 种群数量

C. 迁徙行为　　　　　　　　D. 分布情况

E. 生境条件

55. 对降低空气动力性噪声有效的技术措施有（　　　）。

A. 吸声　　　　　　　　　　B. 隔声

C. 消声　　　　　　　　　　D. 减振

56. 从声源上降低噪声，可采取的方法有（　　　）。

A. 选用低噪声设备　　　　　B. 保持设备良好运转状态

C. 采用天然地形遮挡声源　　D. 合理安排建筑物平面布局

57. 影响重金属污染物在包气带土层中迁移的主要因素包括（　　　）。

A. 水的运移　　　　　　　　B. 重金属的特性

C. 土层岩性　　　　　　　　D. 含水层中水流速度

58. 污染型项目的工程分析结果，应能直接评价是否满足（　　　）的要求。

A. 污染物排放达标　　　　　B. 环境质量达标

C. 清洁生产水平　　　　　　D. 地表温度

59. 建设项目环境保护措施的经济论证内容包括（　　　）

A. 环保措施的投资费用　　　B. 环保措施的运行费用

C. 环保措施的处理效率　　　D. 环保措施的环境经济效益

60. 计算一个植物种在群落中的重要值的参数有（　　　）。

A. 相对密度　　　　　　　　B. 相对优势度

C. 相对频度　　　　　　　　D. 相对高度

61. 在污染型项目的工程分析中，应具备的基本图件有（　　　）。

A. 项目平面布置图　　　　　B. 工艺流程图

C. 环境监测布点图　　　　　D. 评价范围图

62. 进行环境噪声现状测量时，测量记录的内容应包括（　　　）。

A. 有关声源运行情况　　　　B. 测量仪器情况

C. 测量时的环境条件　　　　D. 采样或计权方式

E. 测点声级数据及其测量时段

63．有限长线声源的噪声预测，可依据预测点与线声源的距离和声源长度之间的关系，分别按（　　）进行计算。

A．无限长线声源　　　　　　　B．点声源

C．有限长线声源　　　　　　　D．$L_p(r)=L_p(r_0)-15\lg(r/r_0)$

64．采用类比法进行调查时，在分析对象与类比对象之间可类比的有（　　）。

A．工程特征　　　　　　　　　B．管理模式

C．污染物排放特征　　　　　　D．环境条件

65．水体密度分布对感潮河口污染物的输移混合影响很大，按垂向密度结构考虑入海河口可分为（　　）。

A．部分混合河口　　　　　　　B．充分混合河口

C．淡水楔河口　　　　　　　　D．盐水楔河口

66．影响垃圾卫生填埋的渗滤液产生量的因素有（　　）。

A．垃圾含水量　　　　　　　　B．垃圾填埋总量

C．区域的降水量与蒸发量　　　D．渗滤液的输导系统

67．生态影响型项目工程分析应包括的内容有工程建设性质、工程投资及（　　）等。

A．占地类型和面积　　　　　　B．施工方案

C．弃渣量　　　　　　　　　　D．施工废水排放量

68．定量环境风险评价的方法包括（　　）。

A．经验判定法　　　　　　　　B．因素图法

C．事件数分析法　　　　　　　D．故障树分析法

69．为了满足烟尘排放浓度小于 50 mg/m^3，燃煤电厂可采用的除尘器有（　　）。

A．水膜除尘器　　　　　　　　B．静电除尘器

C．旋风除尘器　　　　　　　　D．布袋除尘器

70．采用河道恒定均匀流公式（$u=c\sqrt{R_i}$）计算断面平均流速，需要的河道参数包括（　　）。

A．水力坡降　　　　　　　　　B．河床糙率

C．水力半径　　　　　　　　　D．断面水位

71．影响建设项目对敏感点等效声级贡献值的主要原因有（　　）。

A．声源源强　　　　　　　　　B．声源的位置

C．声波传播条件　　　　　　　D．敏感点处背景值

72．绘制工矿企业噪声贡献值等声级图时，等声级（　　）。

A．　间隔不大于 5 dB　　　　　B．最低值和功能区夜间标准相一致

C. 可穿越建筑物   D. 最高值可为 75 dB

73. 大气环境影响预测情景设置主要考虑的内容有污染源类别以及（   ）。

     A. 计算点   B. 排放方案

     C. 气象条件   D. 预测因子

74. 大气环境影响评价中复杂风场是指（   ）。

     A. 静风场   B. 山谷风环流

     C. 海陆风环流   D. 城市热岛环流

75. 采用大气估算模式计算点源最大地面浓度时，所需参数包括排气筒出口处的（   ）。

     A. 内径   B. 烟气温度

     C. 环境温度   D. 烟气速度

76. 某集中供热项目大气环境影响评价等级为二级，项目建成后可取代评价范围内多台小锅炉，大气预测中按导则要求应预测环境空气保护目标点上被取代时的（   ）质量浓度。

     A. 小时平均   B. 日平均

     C. 采暖期平均   D. 年平均

77. 评价等级为二级的大气环境影响预测内容至少应包括（   ）。

     A. 正常排放时小时平均浓度   B. 非正常排放时小时平均浓度

     C. 正常排放时日平均浓度   D. 非正常排放时日平均浓度

78. 大气估算模式中点源参数调查清单应包括排气筒坐标、排气筒底部海拔高度、排气筒高度、评价因子源强及（   ）。

     A. 排气筒内径   B. 烟气出口速度

     C. 烟气出口温度   D. 排气筒出口处环境风速

79. 利用一维水质模型预测非持久性污染物事故排放对下游河段的影响，需确定的参数有（   ）。

     A. 降解系数   B. 纵向离散系数

     C. 横向混合系数   D. 垂向扩散系数

80. 用类比法预测河流筑坝对鱼类的影响时，类比调查应重点考虑（   ）。

     A. 工程特性与水文情势   B. 饵料生物丰度

     C. 鱼类组成   D. 鱼类生态习性

81. 排入河流水体的废水与河水的混合程度，与（   ）有关。

     A. 排放口的特性   B. 河流流动状况

     C. 废水的色度   D. 河水与废水的温差

82. 某公路拟在距离厂界 10 m 处安装 4 台小型方体冷却塔，预测时厂外敏感点噪声超标，通常采用的噪声治理方法有（　　）。

　　A. 设置声屏障　　　　　　　　　B. 选用低噪声冷却塔

　　C. 调整冷却塔的位置　　　　　　D. 进风口安装百叶窗式消声器

83. 分析工业污染型项目总图布置方案合理性时，应考虑（　　）。

　　A. 项目选址　　　　　　　　　　B. 周围环境敏感点位置

　　C. 气象、地形条件　　　　　　　D. 污染源的位置

84. 一般工业废水预处理单元事故池的主要作用是接纳（　　）。

　　A. 生产事故废水

　　B. 事故泄漏的液态化学品

　　C. 污水处理站的事故废水

　　D. 循环冷却水系处理厂运行的事故废水

85. 为了降低厂房外噪声，可选用的降噪措施有（　　）。

　　A. 厂房内安装吸声板（或垫）　　B. 重质砖墙改为等厚轻质砖墙

　　C. 减少门窗面积　　　　　　　　D. 安装隔声门窗

86. 进行河流稳态水质模拟预测需要确定（　　）。

　　A. 污染物排放位置、排放强度　　B. 水文条件

　　C. 初始条件　　　　　　　　　　D. 水质模型参数值

87. 洁净煤燃烧技术包括（　　）。

　　A. 循环流化床燃烧　　　　　　　B. 型煤固硫技术

　　C. 低 NO_x 燃烧技术　　　　　　D. 煤炭直接液化

88. 袋式除尘器的除尘方式有（　　）。

　　A. 机械振动清灰　　　　　　　　B. 脉冲喷吹清灰

　　C. 逆气流清灰　　　　　　　　　D. 蒸汽喷吹清灰

89. 生活垃圾填埋场竣工环保验收调查的内容应包括（　　）。

　　A. 封场地表处理情况　　　　　　B. 渗滤液导排系统的有效性

　　C. 填埋场防渗措施的有效性　　　D. 填埋气体导排系统的有效性

90. 清洁生产分析中，原辅材料选取可考虑的定性分析指标有（　　）。

　　A. 毒性　　　　　　　　　　　　B. 可再生性

　　C. 可回收利用性　　　　　　　　D. 原辅材料价格

91. 景观生态学中判定模地的标准有（　　）。

　　A. 相对面积大　　　　　　　　　B. 连通程度高

　　C. 破碎化程度高　　　　　　　　D. 具有动态控制功能

92. 利用遥感资料可给出的信息有（　　）。

　　A. 植被类型及其分布　　　　　　B. 地形

C. 群落结构及物种组成　　　　　　D. 土地利用类型及其面积

93. 对鼓风机噪声可采取的治理方法有（　　　）。

A. 进气消声器　　　　　　　　　　B. 排气消声器

C. 减振垫　　　　　　　　　　　　D. 隔声罩

94. 拟建高速公路穿越两栖动物栖息地，对动物栖息地可采取的保护措施有（　　　）。

A. 增加路基高度　　　　　　　　　B. 降低路基高度

C. 收缩路基边坡　　　　　　　　　D. 增设桥涵

95. 某拟建高速公路经过某种爬行动物主要活动区，公路营运期对该动物的影响有（　　　）。

A. 减少种群数量　　　　　　　　　B. 改变区系成分

C. 阻隔活动通道　　　　　　　　　D. 分割栖息生境

96. 可行的陆生植被现状调查方法有（　　　）。

A. 遥感调查　　　　　　　　　　　B. 样地调查

C. 机理分析　　　　　　　　　　　D. 收集资料

参考答案

一、单项选择题

1. D

2. B　【解析】对于某种或某类危险物质规定的数量，若功能单元中物质数量等于或超过该数量，则该功能单元定为重大危险源。

3. B　【解析】[1 000 × （1 - 96% - 3.5% - 0.3%）× 10^3]/8 000=0.25

4. D　【解析】$2 × 10^4 × 7 200 × 800 × 10^{-9}$=115.20（t/a）

5. A　6. D　7. A

8. C　【解析】（0.42 - 0.3）/0.3=0.4

9. B　【解析】超标率=30/（200 - 5）× 100%=15.4%。不符合监测技术规范要求的监测数据不计入监测数据个数。未检出点位数计入总监测数据个数中。

10. A　【解析】超标倍数=（监测数据值－环境质量标准）/环境质量标准=（0.36 - 0.3）/0.3=0.2。该题为2008年考题，使用老的质量标准。

11. D　【解析】（15 000 - 100）/15 000 ≈ 0.993。

12. B　13. D　14. A　15. A

16．B　【解析】

（1）该两个排气筒排放相同的污染物，其距离（10 m）小于其几何高度之和（24 m），可以合并视为一根等效排气筒。

（2）等效排气筒污染物排放速率计算：

$Q = Q_1 + Q_2 = 1.0 + 0.8 = 1.8$（kg/h）

（3）等效排气筒高度计算：

$$h = \sqrt{\frac{1}{2}(12^2 + 12^2)} = 12$$（m）

（4）等效排气筒 12 m 高度应执行的排放速率限值（外推法）计算：

$$Q = Q_b \left(\frac{h}{h_b}\right)^2 = 3 \times \left(\frac{12}{15}\right)^2 \approx 1.9$$（kg/h）

等效排气筒 12 m 达不到 15 m 高度的最低要求，其排放速率应严格 50% 执行，即：$1.9 \times 0.5 = 0.95$（kg/h）

（5）等效排气筒 12 m 的排放速率为 1.8 kg/h，大于排放速率限值 0.95 kg/h，该项目排气筒的排放速率不达标。

17．C　18．C　19．B　20．C

21．C　【解析】两点法测定河流的耗氧系数的前提条件是两点之间没有排污口和支流流入。

22．A　23．A　24．A　25．A　26．D　27．D　28．B

29．D　【解析】零维模型是将整个环境单元看作处于完个均匀的混合状态，模型中不存在空间环境质量上的差异，主要用于湖泊和水库水质模拟；一维模型横向和纵向混合均匀，仅考虑纵向变化，适用于中小河流；二维模型垂向混合均匀，考虑纵向和横向变化，适用于宽而浅型江河湖库水域；三维模型考虑三维空间的变化，适用于排污口附近的水域水质计算。

30．B　31．A　32．D

33．B　【解析】据氧垂曲线，在 4～6 km 出现临界氧亏点，那么氧亏点 DO 浓度值肯定小于 5，所以部分河段 DO 浓度值未达标。

34．A　35．C　36．A

37．B　【解析】一维水质模型公式中需要"过水断面面积"参数，过水断面面积则需要河宽和水深的数据。

38．D　39．B　40．D　41．C　42．C　43．A

44．C　【解析】集中式生活饮用水地表水源地分一级和二级，对应的功能为

Ⅱ、Ⅲ，从实测值来看，Ⅱ、Ⅲ类的应该超标。Ⅴ类的 0.017 mg/L，能达到集中式生活饮用水地表水源地的限值，对Ⅴ类来说，肯定不超标。Ⅳ类的实测值 0.018 mg/L，由于不知道其相应限值，很难确定超标或不超标，都有可能。因此选C。

45．A　　46．C　47．A　48．B　49．C　50．A　51．B　52．D　53．D　54．A　55．C　56．D　57．A　58．A

59．D　【解析】雨林—热带；常绿阔叶林—亚热带；针阔混交林—暖温带。

60．B　【解析】因未进行车流量监测，不知设计工况，因此，A、C、D选项排除。

61．C　62．D　63．A　64．B　65．D　66．D　67．D　68．D

69．A　【解析】国内净化含汞废气的方法有:活性炭充氯吸附法、文丘里复挡分离 0.1%过硫酸铵吸收法、文丘里—填料塔喷淋高锰酸钾法等。

70．D

71．B　【解析】活性炭吸附去除后：10 kg/h；水洗塔去除率后：9.5 kg/h

72．C　【解析】

敏感点 SO_2 小时平均浓度影响叠加值的计算：

（1）该敏感点现状监测值应该取最大值：0.060 mg/m³。

（2）该敏感点预测值应该取最大值：0.035 mg/m³。

（3）该敏感点的 SO_2 小时平均浓度影响叠加值=0.060+0.035+0.055=0.15（mg/m³）

评价范围最大地面小时浓度影响叠加值的计算：

（1）评价范围现状监测值应该取平均值：0.065 mg/m³。

（2）评价范围内 SO_2 最大地面小时浓度影响叠加值=0.065+0.095+0.08=0.24（mg/m³）

73．B　74．B

75．B　【解析】据点声源声传播距离增加 1 倍，衰减值是 6 dB，在不考虑背景噪声的情况下，距噪声源作业点 40 m 处的噪声级为 66 dB（用公式计算也可以）。在利用噪声级的相减公式：

$$l_1 = 10\lg(10^{0.1\times67} + 10^{0.1\times66}) \approx 60 \ （dB）$$

76．D　【解析】据无限长线声源的几何发散衰减规律，声传播距离增加 1 倍，衰减值是 3 dB。因此，可推算出答案为 160 m。当然，此题也可以用公式计算，只是掌握了上述规律后，计算的速度会快一些，节省了考试时间。

77．D

78．B　【解析】据 $L_1 - L_2 = TL + 6$。

79．C　80．C

81．A　【解析】《环境影响评价技术导则　声环境》原文：当声源为固定声源时，现状测点应重点布设在可能既受到现有声源影响，又受到建设项目声源影响的敏感目标处，以及有代表性的敏感目标处。

82．C　83．C

84．C　【解析】噪声源处于半自由声场，利用公式：

$L_{\mathrm{A}}(r) = L_{\mathrm{Aw}} - 20\lg(r) - 8$。声源在均匀、各向同性的媒质中，边界的影响可以不计的声场称为自由声场。在自由声场中，声波按声源的辐射特性向各个方向不受阻碍和干扰地传播。有一个面是全反射面，其余各面都是全吸声面，这样的空间称半自由声场。

85．A　【解析】室内近似为扩散声场利用此式计算：$L_{\mathrm{p}_2} = L_{\mathrm{p}_1} - (TL + 6)$

86．D

87．D　【解析】本题的噪声可以认为是无限长线声源。

88．A

89．D　【解析】噪声源处于自由声场，利用公式：$L_{\mathrm{A}}(r) = L_{\mathrm{Aw}} - 20\lg(r) - 11$。

90．C　91．B　92．D　93．C　94．B

95．C　【解析】该项目噪声源可以认为是无限长线声源。

96．A　【解析】噪声值相同时相加，声级增加 3dB（A），因此，本题不用公式计算应可知答案为 A。

97．B

二、不定项选择题

1．ABCD　2．ACD　3．ABCD　4．ABD　5．ABC　6．ABCD　7．ABC

8．AC　【解析】液态化学品泄漏应该有专门的事故池，不是一般工业废水预处理单元事故池。

9．AD　10．ABCD　11．ABD　12．ABC　13．ABCD　14．ABC

15．ABCD　【解析】据两点法的计算公式，需河段的平均流速，A 和 B 选项是计算平均流速的参数。

16．BC　【解析】耗氧速率指生物和微生物进行有氧呼吸作用所消耗氧气的速率。夏季温度高，生物和微生物繁殖快，耗氧速率要大些。另外，因其他条件不变，可以利用温度校正公式，从该公式也可以知道，温度越高，耗氧速率越大。

17．ABCD　18．ABCDE　19．ABCD　20．ABC　21．ABCD

22．D　【解析】GB 3096—2008 中 2 类区标准是昼间 60 dB，夜间 50 dB。为了满足 2 类区标准要求，声级至少应衰减至 50 dB，则距离村庄至少在 320 m 外。

23．ABCD　24．ABCD　25．ABC　26．ABCD　27．ABC　28．ABDE

29. ABCD　30. ACD　31. ABCD　32. ABCD　33. ABCE　34. ABD　35. ABCD
36. ABCDE

37. ABCD　【解析】《环境影响评价技术导则　地面水环境》：在所规定的不同规模河口水质调查时期中，每期调查一次，每次调查两天，一次在大潮期，一次在小潮期，每个潮期的调查，均应分别采集同一天的高、低潮水样。

38. ABC　39. CD　40. AC　41. ABC　42. ABC　43. AB　44. ABCD
45. ABC　46. ABCD　47. ABCDE　48. ABC　49. ABD　50. ABD　51. ABCD

52. BD　【解析】由此题可以延伸很多类似题，对照教材中的表格仔细研读。

53. ABC　54. ABCDE　55. ABC　56. AB　57. ABCD　58. AC　59. ABD
60. ABC　61. AB　62. ABCDE　63. ABD　64. ACD　65. ABD　66. ABC
67. ABCD

68. CD　【解析】环境风险评价的定性分析方法：类比法、加权法、因素图法等，首推类比法。定量分析方法：道化学公司火灾、爆炸危险指数法（七版）、事件树分析法、故障树分析法等。

68. BD

70. ABC　【解析】D 选项不一定要。

71. ABC　72. ABD　73. ABCD　74. BCD　75. ABCD　76. BD

77. ABC　【解析】非正常排放时只预测环境空气保护目标小时平均浓度。

78. ABC　79. AB　80. ABCD　81. ABD　82. ABCD　83. ABCD

84. AC　【解析】液态化学品泄漏应该有专门的事故池，不是一般工业废水预处理单元事故。

85. ACD　86. ABD　87. ABCD　88. ABC　89. ABCD

90. ABC

91. ABD　92. ABD　93. ABCD　94. BD　95. ACD　96. ABD

第十二章 综合练习（二）

一、单项选择题（每题的备选选项中，只有一个最符合题意）

1. 建设项目环境影响识别中，必须包括的阶段是（　　　）。
   A. 项目选址期　　　　　　　　　　B. 建设期和运营期
   C. 项目初步设计期　　　　　　　　D. 产业链规划期

2. 化工项目生产污水处理场工艺方案应包括运行可靠性论证和（　　　）。
   A. 处理工艺的技术可行性分析　　　B. 投资费用的来源分析
   C. 拟建项目的产品方案论证　　　　D. 生活污水排放量计算

3. 使用醋酸等异味化学品的 PTA 项目，竣工环境保护验收时，要调查（　　　）。
   A. 项目财务决算表　　　　　　　　B. 项目施工图
   C. 试生产期间环保投诉事件　　　　D. 可行性研究报告评估意见

4. 某项目配套建设的硫回收设施，其环境效益可用货币量化的是（　　　）。
   A. 工程总投资　　　　　　　　　　B. 硫的销售收入
   C. 土地费用　　　　　　　　　　　D. 固定资产残值

5. 评价某新建炼化一体化项目的清洁生产水平时，可作为参考依据的物耗、能耗指标是（　　　）。
   A. 同行业任意企业的临时测试数据
   B. 同行业任意企业的基础数据
   C. 同行业有代表性企业临时测试数据
   D. 同行业有代表性企业近年的基础数据

6. 下列物品不属于木制家具生产项目中的固体废物是（　　　）。
   A. 刨花　　　　B. 废乳胶　　　　C. 废聚酯漆　　　　D. 纤维板

7. 多晶硅切片加工项目的生产工艺为硅锭→剖方定位→切片→纯水清洗→电烘干，其中切片工序循环使用碳化硅及聚乙二醇切割液，产生废水的工序是（　　　）。
   A. 剖方定位工序　　B. 切片工序　　C. 清洗工序　　D. 烘干工序

8. 某燃煤锅炉 SO_2 现状排放量 90.0 t/a。拟对锅炉增设脱硫设施，脱硫效率由现状的 50%增至 80%。项目技改后，SO_2 现状排放总量为（　　　）。
   A. 90.0 t/a　　B. 45.0 t/a　　C. 36.0 t/a　　D. 18.0 t/a

9. 某电厂汽机房靠近窗户处的室内升级为 90 dB，窗户的隔声量（TL）为 20 dB，窗户面积为 40 m²。假设汽机房室内为扩散声场，汽机房通过窗户辐射的声功率级为（   ）。

　　A．86 dB (A)　　B．80 dB (A)　　C．70 dB (A)　　D．64 dB (A)

10. 某均质外墙的尺寸为（6×2）π m²，垂直墙中心轴线上距外墙 2.5 m 处的 A 声级为 70 dB (A)，距外墙 5 m 处的 A 声级约为（   ）。

　　A．70 dB (A)　　B．67 dB (A)　　C．64 dB (A)　　D．63 dB (A)

11. 某直径为 3 m 的风机离地高度 40 m，已知风机的声功率级为 105 dB(A)，在只考虑几何发散衰减时，距风机 20 m 处的 A 声级为（   ）。

　　A．81 dB (A)　　B．78 dB (A)　　C．71dB (A)　　D．68dB (A)

12. 某声源的最大几何尺寸为 2 m，则在不同方向上，均符合点生源几何发散衰减公式计算要求的最小距离是（   ）。

　　A．2 m　　　B．3 m　　　C．5 m　　　D．7 m

13. 三个声源对某敏感点的噪声贡献值分别为 55 dB (A)、55 dB (A)、58 dB(A)，总的贡献值是（   ）。

　　A．56 dB (A)　　　B．58 dB (A)　　　C．60 dB (A)　　　D．61 dB (A)

14. 某敏感点处昼间前 8 个小时测得的等效声级为 55.0 dB (A)，后 8 小时测得的等效声级为 65.0 dB (A)，该敏感点处的昼间等效声级是（   ）。

　　A．60 dB (A)　　B．62.4 dB (A)　　C．65 dB (A)　　D．65.4 dB (A)

15. 某公路建设项目和现有道路交叉，周围敏感点如下图所示，应优先设置为现状监测点的是（   ）。

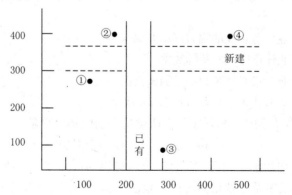

　　A．①　　　　B．②　　　C．③　　　D．④

16. 为使大型机械加工企业的含油废水达标排放，常用的处理工艺是（   ）。

　　A．二级生化　　　　　　　　　B．隔油沉淀+混凝气浮

　　C．离心分离　　　　　　　　　　　D．隔油沉淀+反渗透

17．Ⅱ类建设项目地下水环境影响评价时，减缓环境水文地质问题正确的措施是（　　）。

　　A．采用工程措施防治地下水污染

　　B．加强水资源联合调度控制地下水资源开发

　　C．加强包气带对污染物的阻隔和消减作用

　　D．制定不同区域的地面防渗方案

18．某石油化工类项目开展地下水环境一级评价，设置监测井井深 19.0 m，监测井内地下水水位距井口 3.0 m，正确的地下水取样点位置是（　　）。

　　A．井口下 4.0 m 和 15.0 m 处　　　　B．井口下 4.0 m 和 9.5 m 处

　　C．井口下 5.0 m 和 15.0 m 处　　　　D．井口下 5.0 m 和 11.0 m 处

19．承压水含水层一般不易受其顶部的地表污染源污染的主要原因是（　　）。

　　A．承压水含水层水流速度快

　　B．承压水含水层水量大

　　C．承压水含水层比其上部岩层的渗透系数大

　　D．承压含水层与其补给区空间分布不一致

20．某市集中供热锅炉房安装 5×58 MW 锅炉，采暖期 4 用 1 备，非采暖期一般 2 台运行，个别时间 1 台运行。单台锅炉烟气量约 120 000 m³/h，采用静电除尘+湿法脱硫净化烟气，对烟囱配置的最优方案是设置（　　）。

　　A．5 座 60 m 高、出口直径 1.6 m 的烟囱

　　B．4 座 60 m 高、出口直径 16 m 的烟囱

　　C．3 座 80 m 高、出口直径 2.0 m 的烟囱

　　D．1 座 80 m 高双管集速烟囱，单管出口直径 2.0 m

21．某北方城市环境空气质量二类功能区拟建集中供热锅炉，锅炉烟尘初始浓度为 1 800 mg/m³，锅炉烟尘排放标准二类区国家限制为 200 mg/m³，地方限值为 80 mg/m³，锅炉烟气烟尘浓度达标排放需配置的除尘器效率应不低于（　　）。

　　A．95.6%　　　B．93.3%　　　C．92.2%　　　D．88.9%

22．某铜冶炼企业，大气环境影响评价等级为二级，非正常工况应预测（　　）。

　　A．小时平均浓度　　　　　　　　　B．日平均浓度

　　C．植物生长季平均浓度　　　　　　D．年平均浓度

23．环境空气质量二类功能区某环境空气现状监测点 SO_2 日平均浓度监测结果如下表，现状评价超标率统计正确的是（　　）。

监测时间/1 月	2 日	3 日	4 日	5 日	6 日	7 日	8 日
SO_2 浓度/（mg/m³）	0.15	0.25	0.50	0.06	0.10	0.13	0.20

　　A．57.1%　　　B．42.9%　　　C．28.6%　　　D．14.3%

24．某拟建铁路局部路段穿越野生苏铁集中分布区，为保护野生苏铁，应优先采取的措施是（　　　）。

　　A．迁地保护　　　　　　　　　　B．采种育苗

　　C．缴纳征占费用　　　　　　　　D．铁路选线避让

25．某建设项目，大气环境影响评价等级为三级，必须进行调查分析的大气污染源是（　　　）。

　　A．区域现有污染源　　　　　　　B．区域在建污染源

　　C．区域拟建污染源　　　　　　　D．本项目污染源

26．关于地下水含水层中渗透速度与实际流速之间关系说法正确的是（　　　）。

　　A．渗透速度等于实际速度　　　　B．渗透速度小于实际流速

　　C．渗透速度大于实际流速　　　　D．渗透速度与实际流速无关

27．下列关于含水层渗透系数 K 和介质粒径 d 之间的关系，说法正确的是（　　　）。

　　A．d 越小，K 越大　　　　　　　B．d 越大，K 越大

　　C．K 与 d 无关，与液体黏滞性相关　　D．K 与 d 相关，与液体黏滞性无关

28．地下水环境影响评价中，属于 II 类项目地下水保护对策的是（　　　）。

　　A．场地地面防渗　　　　　　　　B．产污单元源头控制

　　C．场地地下水污染物浓度监测　　D．场地地下水水位动态观测

29．地下水污染异地处理可采用的技术是（　　　）。

　　A．含水层生物通风技术　　　　　B．含水层淋洗技术

　　C．含水层原位强化微生物修复　　D．抽出处理技术

30．进行森林植被样方调查时，确定样地面积的依据是（　　　）。

　　A．群落分层状况　　　　　　　　B．群落中乔木的胸径

　　C．群落中乔木的数量　　　　　　D．群落中的物种数

31．某平原水库水体面积为 4 500 hm²，水深 8.0 m。在进行渔业资源调查时，采取的样品数至少应为（　　　）。

　　A．6 个　　　B．10 个　　　C．12 个　　　D．24 个

32．在一特殊生态敏感区，拟建项目占地面积为 9.8 km²，其生态影响评价要求对土地利用现状图的成图比例尺至少应为（　　　）。

　　A．≥1∶10 万　　　B．≥1∶5 万　　　C．≥1∶2.5 万　　　D．≥1∶1 万

33．在一群灌木群落中，7 种主要木本植物的植株数量如下表。用香农—威纳指数评价该群落生物多样性时，种类 3 的 P_i 值约为（　　　）。

种类/序号	1	2	3	4	5	6	7
植株数量/株	180	160	150	130	120	50	40

A. 0.18　　　　B. 0.22　　　　C. 21.43　　　　D. 50.00

34. 下列生态影响一级评价要求的图件中，属于推荐图件的是（　　　）。

　　A. 地表水系图　　　　　　　　　　B. 植被类型图

　　C. 动、植物资源分布图　　　　　　D. 生态监测布点图

35. 某自然景观距拟建高速公路的最小距离为 1 200 m，按"相对距离"单项指标判断该景观的"敏感程度"为（　　　）。

　　A. 极敏感　　　　B. 很敏感　　　　C. 中等敏感　　　　D. 不敏感

36. 植被调查中，"频度"是指（　　　）。

　　A. 单位面积上某种植物株数

　　B. 群落中包含某种植物的样地数与总样地数之比

　　C. 某种植物个体在不同样地中出现的频率

　　D. 植物冠层垂直投影面积

37. 已知设计水文条件下排污河段排放口断面径污比为 4.0，排放口上游氨氮背景浓度为 0.5 mg/L，排放口氨氮排放量为 86.4 kg/d，平均排放浓度 10 mg/L，则排放口断面完全混合后氨氮的平均浓度为（　　　）。

　　A. 5.25 mg/L　　　　B. 3.00 mg/L　　　　C. 2.50 mg/L　　　　D. 2.40 mg/L

38. 某评价项目排污河段下游的省控断面 COD 水质目标为 20 mg/L，河段枯水期设计流量 50 m³/s 条件下，预测省控断面处现有 COD 占标率达 70%，项目排污断面到省控断面的 COD 衰减率为 20%。在忽略项目污水量的情况下，项目 COD 最大可能允许排污量为（　　　）。

　　A. 25.92 t/d　　　　B. 31.10 t/d　　　　C. 32.40 t/d　　　　D. 86.40 t/d

39. 设计流量 Q 条件下的河段水动力参数，一般根据实测水文资料率定的 α_1、β_1、α_2、β_2、α_3、β_3 参数，按下列经验公式估计：

断面平均流速：$V = \alpha_1 Q^{\beta_1}$

断面平均水深：$h = \alpha_2 Q^{\beta_2}$

断面水面宽：$B = \alpha_3 Q^{\beta_3}$

当采用零维、一维、二维稳态水质模型预测设计流量条件下的河流水质浓度时，三个模型至少分别需要（　　　）上述参数。

　　A. 0 个、2 个、4 个　　　　　　　B. 1 个、2 个、4 个

　　C. 1 个、3 个、5 个　　　　　　　D. 2 个、4 个、6 个

40. 当地环保局对河段排污混合区长度及宽度有限制。根据区域总量分配方案，

项目排污河段尚有 COD 排放指标 50 t/a,按混合区允许长度及宽度预测的项目 COD 排放量分别为 10 t/a 和 15 t/a,按达标排放计算的排放量为 8 t/a,则该项目允许的 COD 排放量为（　　）。

　　A. 8 t/a　　　　B. 10 t/a　　　C. 15 t/a　　　D. 50 t/a

41. 已知湖泊出湖水量 2 亿 m^3/a,年均库容 3 亿 m^3,入库总磷负荷量为 50 t/a, 出湖总磷量 20 t/a,湖泊年均浓度 0.1 mg/L,据此采用湖泊稳态零维模型率定的总磷综合衰减系数为（　　）。

　　A. 1/a　　　　B. 2/a　　　C. 3/a　　　D. 5/a

42. 某项目大气环境影响评价级别为一级,关于 NO_2 小时浓度监测频次的说法正确的是（　　）。

　　A. 监测 5 天,每天 02、05、08、11、14、17、20、23 时监测 8 次

　　B. 监测 5 天,每天 02、08、14、20 时监测 4 次

　　C. 监测 7 天,每天 02、05、08、11、14、17、20、23 时监测 8 次

　　D. 监测 7 天,每天 02、08、14、20 时监测 4 次

43. 西南山区某拟建风电场,其选址位于候鸟迁徙通道上,为避免风电场建设对候鸟迁徙造成影响,应优先采取的措施是（　　）。

　　A. 减少风机高度　　　　　　　B. 减少占地面积

　　C. 减少风机数量　　　　　　　D. 风电场另行选址

44. 景观生态学中,相对面积大、连通程度高、有动态控制功能的背景地块是（　　）。

　　A. 斑块　　　　B. 基质　　　C. 廊道　　　D. 景观

45. 利用遥感影像资料可识别（　　）。

　　A. 鱼类的产卵场　　　　　　　B. 植被的分布情况

　　C. 候鸟的迁徙通道　　　　　　D. 陆生动物的活动规律

46. 输油管线工程建设过程中,减少工程施工对植被影响的重要措施是（　　）。

　　A. 加快施工进度　　　　　　　B. 减少施工机械数量

　　C. 缩短作业时段　　　　　　　D. 缩小作业带宽度

47. 降雨初期的地下水入渗方式主要是（　　）。

　　A. 水动力弥散　　　　　　　　B. 淋溶

　　C. 稳定渗流　　　　　　　　　D. 非饱和渗流

48. Ⅱ类一般工业固废填埋场的底部与潜水面之间的岩土层一般为（　　）。

　　A. 饱水带　　　　　　　　　　B. 非饱和带

　　C. 天然隔水层　　　　　　　　D. 人工合成材料防渗层

49. 我国亚热带地区分布的地带性植被类型是（　　）。

　　A. 雨林　　　　　　　　　　B. 针阔混交林

　　C. 常绿阔叶林　　　　　　　D. 落叶针叶林

50. 某大型水库总库容与年入库径流量之比大于8，应用类比法预测其水文情势变化，如其他条件相似，可选择的类比水库为（　　　）。

　　A. 大型径流式水库　　　　　B. 大型年调节水库

　　C. 大型多年调节水库　　　　D. 大型季调节水库

二、不定项选择题（每题的备选项中，至少有 1 个符合题意）

51. 某炼化项目试生产 3 个月后委托有资质的单位开展竣工环境保护验收工作，需要现场验收检查（　　　）。

　　A. 可行性研究报告　　　　　B. 环保监测仪器设备

　　C. 总排水口在线监测设备　　D. 企业环境管理制度

52. 化工区内新建液氯管道输送过程中的环境风险防范与减缓措施有（　　　）。

　　A. 提高管道设计等级　　　　B. 规定应急疏散通道

　　C. 储备救援物资　　　　　　D. 管廊设防雨顶盖

53. 国内没有清洁生产标准的项目，清洁生产水平评价可选用（　　　）。

　　A. 国内外同类生产装置先进工艺技术指标

　　B. 国内外同类生产装置先进能耗指标

　　C. 国内外配套的污水处理设计能力

　　D. 国内外配套的焚烧炉设计能力

54. 合成氨生产工艺流程及产污节点图中，可以表示出（　　　）。

　　A. 氨的无组织排放分布　　　B. 生产工艺废水排放位置

　　C. 生产废气排放位置　　　　D. 固体废物排放位置

55. 高速公路竣工环境保护验收调查报告中，下列要求正确的是（　　　）。

　　A. 对不稳定的弃渣场，提出补救措施

　　B. 对未恢复的取、弃土场、施工营地等临时用地，提出恢复的具体要求

　　C. 异地开垦基本农田措施未完全落实，按"基本农田占一补一"原则进行落实

　　D. 环评报告书和批复文件中遗漏的环境敏感点，受公路影响噪声超标，要求进行跟踪监测，并提出解决方案

56. 某铁路工程施工中改变一处车站选址，整体项目竣工环境保护验收生态调查应包括（　　　）。

　　A. 车站改址的情况

　　B. 改址后的车站环境影响评价

　　C. 设计文件中的环境保护措施落实情况

　　D. 环评批复文件中生态保护措施的落实情况

57. 为减缓大型河流梯级电站建设对鱼类的影响，可采取的措施有（   ）。

A. 保护支流   B. 设置过鱼设施

C. 鱼类人工增殖放流   D. 减少捕捞量

58. 适用于生态环境影响评价和预测的方法有（   ）。

A. 类比分析法   B. 图形叠置法

C. 生态机理分析法   D. 列表清单法

59. 关于建设项目的自然环境调查，说法正确的是（   ）。

A. 小型房地产开发项目，可不进行地下水环境调查

B. 中型水库建设项目，需要调查项目区水土流失情况

C. 隧道建设项目，对与之直接相关的地质构造，应进行较详细的叙述

D. 原路面加铺沥青的乡村公路项目，不需要进行生态影响评价，可不叙述生态系统的主要类型

60. 某石灰石矿山原矿区已开采完毕，将外延扩建新矿区，工程分析时应说明（   ）。

A. 新矿区征用的土地量   B. 原矿山的渣场

C. 新矿区办公楼的建筑面积   D. 原矿山采矿机械设备

61. 油气开发项目工程分析除运营期外，还应包括的时段有（   ）。

A. 勘察设计期   B. 施工期   C. 试运营期   D. 退役期

62. 能削减废水中总磷排放量的有效处理方法有（   ）。

A. A^2/O 法   B. 化学混凝沉淀法   C. 化学氧化法   D. 离心分离法

63. 酒精生产项目生产废水 COD≥10 000 mg/L，须经厂内预处理使 COD≤1000 mg/L，方可排入二级污水污水处理厂的收集管网。可选用的污水处理方案有（   ）。

A. 调节→过滤→混凝→沉淀→排放

B. 调节→过滤→厌氧（UASB）→氧化沟→沉淀→排放

C. 调节→过滤→接触氧化→沉淀→排放

D. 调节→过滤→厌氧（UASB）→SBR→排放

64. 环境风险评价中，事故应急预案内容包括（   ）。

A. 应急响应机构   B. 应急响应条件

C. 应急场所排查   D. 应急培训计划

65. 属于工业固废处置方案的有（   ）。

A. 电炉钢渣用于生产水泥   B. 废电机的拆解

C. 含银废液中提取氯化银   D. 棉织品丝光废碱液回收

66. 在生活垃圾焚烧项目的工程分析中，应明确交代的相关内容有（   ）。

A. 垃圾低位发热量   B. 厨余垃圾所占比例

C．垃圾含水率　　　　　　　　　D．垃圾收集方式

67．属于地下水评价Ⅱ类项目场地环境水文地质问题减缓措施的有（　　　）。

A．提出防止地下水超采措施

B．监测地下水水质变化

C．监测地下水水位变化

D．建立应对相关环境地质问题的应急预案

68．减缓地下水过量开采影响的措施有（　　　）。

A．减少开采量　　　　　　　　　B．优化地下水开采布局

C．人工补给地下水　　　　　　　D．地表水和地下水联合调度

69．影响地下水水量均衡应考虑的因素有（　　　）。

A．地下水类型　　　　　　　　　B．均衡要素

C．水文地质参数　　　　　　　　D．均衡期

70．关于包气带防污性能，说法正确的有（　　　）。

A．包气带岩性颗粒越细，渗透系数 K 越大，防污染性能越差

B．包气带岩性颗粒越粗，渗透系数 K 越大，防污染性能越差

C．包气带岩性颗粒越粗，渗透系数 K 越小，防污染性能越好

D．包气带岩性颗粒越细，渗透系数 K 越小，防污染性能越好

71．确定地下水水位影响半径的方法有（　　　）。

A．公式计算法　　　B．经验数值法　　　C．卫星遥感法　　　D．图解法

72．地下水环境影响预测重点区有（　　　）。

A．已有、拟建和规划的地下水供水水源区

B．固体废物堆放处的地下水下游区

C．湿地退化、土壤盐渍化区

D．污水存储池（库）区

73．属于地下水污染水力控制技术方法的有（　　　）。

A．排水法　　　　　　　　　　　B．注水法

C．防渗墙法　　　　　　　　　　D．包气带土层就地恢复法

74．项目河流水环境风险评价采用一维瞬时源动态模型，预测瞬时排放的保守污染物形成的浓度变化过程需要选用的参数有（　　　）。

A．污染物降解系数　　　　　　　B．河流径流量

C．污染物排放量　　　　　　　　D．纵向离散系数

75．河口一维潮平均水质模型不能忽略纵向离散项的原因，可解释为（　　　）。

A．海水参与了混合稀释

B．涨落潮导致混合作用增强

C. O'Connor 数 $K\overline{E}/U_f^2$ 增大到不可忽略的程度

D. 河口生物自净能力变弱

76. 排污口形成的混合区出现在排污口的两侧（或上、下游），通常情况下这样的水体包括（　　）。

A. 山区河流　　B. 湖泊　　C. 赶潮河段　　D. 海湾

77. 某项目排放污水中含重金属，排放口下游排放区域内分布有鱼类产卵场等敏感区。现状评价中应调查（　　）。

A. 常规水质因子　　　　　　　　B. 项目特征水质因子

C. 水生生物项目特征因子　　　　D. 沉积物项目特征因子

78. 在水质单指数评价中，需要考虑上、下限要求的指标有（　　）。

A. 氨氮　　B. pH　　C. DO　　D. COD

79. 区域大气环境容量计算中，应考虑该区域的（　　）。

A. 环境空气功能区划　　　　　　B. 大气扩散、稀释能力

C. 有关项目的工艺水平　　　　　D. 产业结构

80. 下列风场中，属于复杂风场的有（　　）。

A. 恒定均匀风场　　B. 旋风场　　C. 山谷风场　　D. 海陆风场

81. 某热电厂大气环境影响评价等级为二级，该热电厂投产后可替代区域内全部采暖锅炉和工业锅炉，该热电厂大气环境影响预测内容应包括（　　）。

A. 采暖期小时平均浓度　　　　　B. 采暖期日平均浓度

C. 非采暖期小时平均浓度　　　　D. 非采暖期日平均浓度

82. 某拟建化工项目，大气环境影响评价等级为一级，评价区内环境空气现状监测点应重点设置在（　　）。

A. 商业区　　B. 学校　　C. 居民点　　D. 一类功能区

83. 下列属于大气污染面源调查内容的有（　　）。

A. 面源位置　　　　　　　　　　B. 面源体积

C. 面源各主要污染物排放量　　　D. 面源初始排放高度

84. 某复杂地形区建材项目，大气环境影响评价等级为二级，评价范围为边长 36 km 的矩形，大气环境影响评价必需的气象资料有（　　）。

A. 环境空气现状监测期间的卫星云图资料

B. 评价范围内最近 20 年以上的主要气候统计资料

C. 50 km 范围内距离项目最近地面气象站近 3 年内的至少连续 1 年的常规地面气象观测资料

D. 50 km 范围内距离项目最近高空气象站近 4 年内的至少连续 1 年的常规高考气

象探测资料

85. 属于烟气干法脱硫措施的有（　　）。

　　A．石灰石—石膏法　　　B．活性炭法　　　C．氨法　　　D．钙法

86. 声环境质量现状评价应分析评价范围内的（　　）。

　　A．声环境保护目标分布情况　　　　B．噪声标准使用区域划分情况

　　C．敏感目标处噪声超标情况　　　　D．人口密度

87. 属于环境噪声现状评价的内容有（　　）。

　　A．现状噪声源分析　　　　　　　　B．声环境质量现状评价

　　C．固定声源几何尺寸大小分析　　　D．公路长度分析

88. 某医院建设项目，在噪声现状调查是应给出医院用地边界处的评价量包括（　　）。

　　A．昼间等效连续 A 声级　　　　　　B．夜间等效连续 A 声级

　　C．等效连续 A 声级　　　　　　　　D．L_{90}

89. 将位于某一空旷区域的室外声源组等效为一个点声源应满足的条件是（　　）。

　　A．区域内声源有大致相同的高度

　　B．区域内声源有大致相同的强度

　　C．点生源到预测点的距离应大于声源组最大几何尺寸的 2 倍

　　D．区域内声源应按一定规律排列

90. 在点声源声场中，和声屏障衰减有关的因素有（　　）。

　　A．声程差　　　B．声波频率　　　C．声屏障高度　　　D．地面特征

91. 工矿企业声环境影响评价中，需着重分析（　　）。

　　A．主要噪声源　　　　　　　　　　B．厂界和功能区超标的原因

　　C．厂区总图布置的合理性　　　　　D．建设项目与相邻工程之间的关系

92. 声波传播过程中，与地面效应衰减相关的因素有（　　）。

　　A．地面类型　　　　　　　　　　　B．声源接收点高度

　　C．大气温度、湿度　　　　　　　　D．接收点和声源之间的距离

93. 在通用水土流失方程（USLE）中，确定土壤可蚀性 K 值的因素有（　　）。

　　A．土壤的机械组成　　　　　　　　B．植被覆盖度

　　C．土壤有机质含量　　　　　　　　D．土壤结构及渗透性

94. 运用类别分析法进行建设项目生态影响评价时，选择类比对象的条件有（　　）。

　　A．工程性质、规模及范围与拟建项目基本相当

　　B．类比对象已竣工验收并运行一段时间

C. 项目建设区生态环境基本相似

D. 项目投资额度大致相等

95. 关于土壤成土作用说法正确的有（   ）。

A. 物理作用　　　B. 化学作用　　　C. 结晶作用　　　D. 生物作用

96. 某混合式电站在河道上筑拦河大坝，发电引水渠 10 km 长，大坝至电站厂房间原河道两岸分布有须从河道取水灌溉的农田，其间另有一工业取水口，电站厂房上游 1km 处有一支流汇入河道。为保障电站运行期间河道基本需水，从大坝下泄的水量应考虑（   ）。

A. 工业取水量　　　　　　　　　B. 农业灌溉水量

C. 河流最小生态流量　　　　　　D. 厂房上游支流汇入水量

97. 为保证堤坝式电站在建设和运行期间不造成下游河道断流，必须考虑下泄生态流量的时期有（   ）。

A. 电站初期蓄水期间　　　　　　B. 电站正常发电过程中

C. 电站机组部分停机时　　　　　D. 电站机组全部停机时

98. 某拟建高速公路局部路段穿越农田集中分布区，为减少公路建设对农田的占用，可采取的措施有（   ）。

A. 提高路基高度　　　　　　　　B. 降低路基高度

C. 收缩路基边坡　　　　　　　　D. 以桥梁代替路基

99. 鱼类资源实地调查可采用的方法有（   ）。

A. 钩钓　　　B. 网捕　　　C. 样方调查　　　D. 计数粪便

100. 某拟建高速公路建设期在下列地点设置弃渣场，选址合理的有（   ）。

A. 水田　　　B. 河道滩地　　　C. 废弃取土场　　　D. 荒土凹地

参考答案

一、单项选择题

1. B　2. A　3. C　4. B　5. D

6. D　【解析】纤维板应属原材料，其他都是家具行业的固废。刨花按理说是可以利用的，但对于生产厂家来说，主要被其他厂家利用（特殊情况除外），因此，对生产厂家而言，就成了固体废物。

7. C　【解析】对于绝大多数考生而言，并没有接触此类行业，从题中给出的信息可知，切片工序用的切割液是循环使用的，不会产生废水，但该工序完成后部分切割液会附在半成品中，清洗工序会把这部分切割液洗干净，因此，会产生废水。

8. C　【解析】脱硫效率为50%时，SO_2现状产生量为180 t/a，脱硫效率为80%时，SO_2现状排放总量为36.0 t/a。

9. B　【解析】考察面声源衰减的知识。由公式：L_1(室内) $- L_2$(室外)$=TL$（窗户的隔声量）$+6$ 可计算，$90 - L_2$(室外)$=20+6$，L_2(室外)$=64$；再由公式：

$$L_{W_2} = L_2(T) + 10\lg S = 64 + 10\lg 40 = 80。$$

10. B　【解析】考查面声源随传播距离增加引起的衰减。由题中信息可知，面声源的宽度和长度分别为：$a=2\pi$，$b=6\pi$，则 $a/\pi=2$，$b/\pi=6$；距外墙的 5 m(r)在 2 与 6 之间，因此，符合"距离加倍衰减 3 dB (A)"，答案为 67dB (A)。

11. D　【解析】考查点声源声功率级时的距离发散衰减规律。由"某直径为 3 m 的风机离地高度 40 m"，可以近似认为是自由声场，利用自由声场衰减公式：$L_A(r)=L_{AW} - 20Lg(r) - 11$ 可计算出。

12. C　【解析】考查点声源的概念。声源中心到预测点之间的距离超过声源最大几何尺寸 2 倍时，可将该声源近似为点声源。

13. D　【解析】考查声级的叠加。两个 55 dB (A)声级叠加后为 58 dB (A)，再与 58 dB (A)叠加，则为 61 dB (A)。

14. B　【解析】此题不能简单平均。要用能量平均的方法进行计算，导则和教材都有此公式，等效声级 $= 10\log\left[\dfrac{1}{16}(8\times10^{0.1\times55} + 8\times10^{0.1\times65})\right] = 62.4$。但从考试技巧的角度来讲，就不用计算了，能量平均后的计算结果应该在 55.0 和 65.0 之间，答案只有一个。另外，大部分考生也记不住上述公式。

15. B　16. B

17. B　【解析】Ⅱ类建设项目地下水保护与环境水文地质问题减缓措施之一：

以均衡开采为原则，提出防止地下水资源超量开采的具体措施，以及控制资源开采过程中由于地下水水位变化诱发的湿地退化、地面沉降、岩溶塌陷、地面裂缝等环境水文地质问题产生的具体措施。

18. A 【解析】据导则，为一级的Ⅰ类和Ⅲ类建设项目，地下水监测井中水深小于 20 m 时，取 2 个水质样品，取样点深度应分别在井水位以下 1.0 m 之内和井水位以下井水深度约 3/4 处。井水位以下 1.0 m 之内，即 4.0 m；井水位以下井水深度约 3/4 处，则为：（19.0−3）×（3/4）＝12 m，监测井内地下水水位距井口 3.0 m，因此，另一个取样点为 15 m。

19. D

20. D 【解析】据《锅炉大气污染物排放标准》，1 间锅炉房只能设 1 根烟囱，因此，只有 D 符合要求。

21. A 【解析】国家标准和地方标准同时存在时，地方标准优先，因此，除尘器效率＝（1 800 − 80）/1 800＝0.956。

22. A 【解析】非正常工况只预测小时平均浓度。

23. B 【解析】SO_2 日平均浓度标准为 0.15 mg/m^3，刚好达到此值不算超标，因此，7 个数据中只有 3 个数据超标。

24. D 25. D

26. B 【解析】据公式 $U=V/N$ 可知（U 为实际流速，V 为渗透速度，N 为孔隙度，$N<1$），渗透速度小于实际流速。对于此公式还要理解其实际内涵。

27. B 【解析】此题应理解记忆，比如粗砂肯定比细砂的渗透系数要大。

28. D 【解析】其他三个选项主要针对Ⅰ类项目地下水保护对策。

29. D 【解析】从考试技巧的角度，也应选 D。

30. D

31. C 【解析】水库水体面积在 1 000～5 000 hm^2，采样点为 4～6 个，水深为 6～10 m，至少应在表层、中层和底层采样，因此，该题至少采样 12 个。该题纯属记忆的知识点。

32. D 【解析】由"在一特殊生态敏感区"可知，项目为一级评价项目，由"占地面积为 9.8 km^2"可知，对照导则，成图比例尺至少 1∶1 万。该题考查较细，纯属记忆的知识点，需找出规律记忆。

33. A 【解析】此题并没有考察香农—威纳指数的计算，仅考查该指数里面的 P_i 值的计算。$P_i=n_i/N$，N 为样品总个体数，本题为 830 株，n_i 为第 i 种个体数，本题为 150 株。

34. C 【解析】其他选项都属基本图件。

35. C 【解析】相对距离在 800～1 600 m，可作为远景，中等敏感。

36. B

37. D 【解析】利用完全混合模式可以算出结果。排污河段排放口断面径污比为 4.0 的意思是断面流量为 4，则排污量为 1。$c=\dfrac{10\times1+0.5\times4}{1+4}=2.4$ mg/L。

38. C 【解析】此题不需复杂的公式，考查总量、容量的关系，在满足容量的条件下提出总量。最大可能允许排污量 $=20\times50\times10^3\times3\ 600\times24\times(1-70\%)\div(1-20\%)\times10^{-9}=32.4$ t/d。另外，计算时注意单位的换算。

39. A 【解析】据零维模型公式，只需要浓度和流量参数，由此可知答案只有A。

40. A 【解析】根据满足达标排放、满足地方环保部门的要求以及从严的原则，选 A 是最合理的。

41. A 【解析】根据湖泊稳态零维模型，出湖磷量＝入湖磷量－湖内衰减磷量，即：$Q_C=QC_0-kCV$

式中：Q——进、出湖水量，m^3/a；

    C——湖内磷的浓度，t/m^3；

    C_0——入湖磷的浓度，t/m^3；

    k——磷衰减速率常数，a^{-1}；

    V——年均库容，m^3。

把题中的数据代入式中，可求出 K 值为 1。

42. C 【解析】考查大气导则监测时间的内容。

43. D 【解析】另行选址是最优措施，选址变了，影响也没了。

44. B 【解析】此题在生态影响导则附录 C 中有详细的答案。空间结构分析基于景观是高于生态系统的自然系统，是一个清晰的和可度量的单位。景观由斑块、基质和廊道组成，其中基质是景观的背景地块，是景观中一种可以控制环境质量的组分。因此，基质的判定是空间结构分析的重要内容。判定基质有三个标准，即相对面积大、连通程度高、有动态控制功能。

45. B 【解析】此题在教材中能找到答案，但如果有一些遥感影像的常识，也会知道选择B。

46. D 【解析】缩小作业带宽度，也就是减少占地面积，对植被影响就小了。

47. D

48. B 【解析】包气带是指位于地球表面以下、潜水面以上的地质介质。有时人们也把包气带称为非饱和区，但是这两个概念的含义不完全相同。

49. C 【解析】此题在书上找不到答案，为地学常识。

50. C 【解析】由"某大型水库总库容与年入库径流量之比大于 8"可知，该水库的总库容很大，其有多年调节水量的容量，其他几种水库没有这种容量。年调节水库仅是对一年内各月不均衡的天然径流进行优化分配、调节，保证枯水期也能正常发电。多年调节水库则能平衡不同年份天然径流量，保证每年稳定发电。

二、不定项选择题

51. BCD　52. ABCD

53. AB　【解析】选项 CD 都属具体的指标。

54. BCD　【解析】无组织排放分布涉及空间的概念，在工艺流程及产污节点图上只能标出无组织排放的位置，分布则很难看出。

55. ABCD　56. ABCD

57. ABC　【解析】一般来说，在环评文件中不会提出选项 D 这样的措施。

58. ABCD　【解析】此题比较简单，复习时对每一种方法的主要原理要理解。

59. BC　【解析】小型房地产开发项目属 I 类建设项目，据地下水导则，I 类建设项目也要进行地下水环境调查。据《环境影响评价技术导则　生态影响》，三级评价项目可充分借鉴已有资料说明生态现状，并没有明确不需叙述生态系统的主要类型。

60. ABC　【解析】扩建项目工程分析时除了应说明扩建项目的工程情况外，原矿山存在的环境问题也应交代，原矿山的渣场就是其中的环境问题之一。

61. ABD

62. AB　【解析】污水中的磷主要来自生活污水中的含磷有机物、合成洗涤剂、工业废液、化肥农药以及各类动物的排泄物。如污水没有完全处理，磷还会流失到江河湖海中，造成这些水体的富营养化。除磷方法可分为物化除磷法和生物除磷法及人工湿地除磷法。物化除磷法包括化学沉淀法、结晶法、吸附法。生物除磷是一种相对经济的除磷方法，但由于该除磷工艺目前还不能保证稳定达到出水标准的要求，所以要达到稳定的出水标准，常需要采取其他除磷措施来满足要求，化学沉淀法是最常见的方法。A^2/O 工艺亦称 A-A-O 工艺，是英文 Anaerobic-Anoxic-Oxic 第一个字母的简称（生物脱氮除磷）。按实质意义来说，本工艺称为厌氧-缺氧-好氧法，是生物脱氮除磷工艺的简称。

63. BD　【解析】对于高浓度 COD 生产废水，一般厌氧处理比较经济。接触氧化属好氧处理方法。

64. ABD

65. ACD　【解析】根据《固体废物污染环境防治法》，处置是指将固体废物焚烧或用其他改变固体废物的物理、化学、生物特性的方法，达到减少已产生的固体废物数量、缩小固体废物体积、减少或者消除其危险成分的活动，或者将固体废物最终置于符合环境保护规定要求的填埋场的活动。选项 B 只能算是处理。

66. AC　【解析】垃圾收集方式与生活垃圾焚烧项目关系不大，但垃圾运输方式需交代。

67. AC　【解析】选项 BD 属 I 类建设项目场地污染防治对策。

68. ABCD　69. ABCD　70. BD　71. ABD　72. ABCD　73. AB　74. BCD　75. ABC　76. BCD　77. ABCD　78. B　79. ABD　80. CD　81. ABC　82. BCD　83. ACD　84. BC

85. B　【解析】其他选项都属湿法脱硫措施。此类题已考过。

86. ABC　87. AB　88. AB　89. ABC

90. ACD　【解析】声波频率是反映声音自身的特点。

91. ABC

92. ABD　【解析】大气温度、湿度也能引起衰减，但属气象因素的衰减。

93. ACD　【解析】该题在教材中有明确答案，但考点较细。

94. ABC　【解析】《环境影响评价技术导则　生态影响》中有明确规定类比分析法的条件。

95. ABD　【解析】成土作用是土壤形成的过程，也称为成土过程，这也是母质产生肥力而转变成土壤的过程。一般的教科书，认为成土过程是在 5 大成土因素（即气候、母质、生物、地形和时间）作用下形成的。这些因素在土壤的形成过程中，会有物理、化学作用、生物作用。

96. ABC　【解析】引水式电站是利用人工水渠，将水流引到较远的与下游河道有较大落差的地方，在那里修建电站，利用水流落差发电。生态需水量应该是特定区域内生态系统需水量的总称，包括生物体自身的需水量和生物体赖以生存的环境需水量，生态需水量实质上就是维持生态系统生物群落和栖息环境动态稳定所需的用水量。

97. AD　98. BCD

99. B　【解析】鱼类资源实地调查一般采用网捕，也附加市场调查法等。市场调查法是指到市场上调查渔民的渔获物，记录收集的渔获物的种类和数量，并记录每尾鱼的体长、体重等形态学指标数据。

100. CD　【解析】据《中华人民共和国河道管理条例》第二十四条，在河道管理范围内，禁止修建围堤、阻水渠道、阻水道路；种植高秆农作物、芦苇、杞柳、荻柴和树木（堤防防护林除外）；设置拦河渔具；弃置矿渣、石渣、煤灰、泥土、垃圾等。

参考文献

[1] 李爱贞，周兆驹，等. 环境影响评价实用技术指南. 北京：机械工业出版社，2008.

[2] 周国强. 环境影响评价. 武汉：武汉理工大学出版社，2003.

[3] 田子贵，顾玲. 环境影响评价. 北京：化学工业出版社，2004.

[4] 环境保护部. 全国环境影响评价工程师职业资格考试大纲（2013 年版）. 北京：中国环境出版社，2013.

[5] 环境保护部环境工程评估中心. 环境影响评价技术方法（2013 年版）. 北京：中国环境出版社，2013.

[6] 环境保护部. 环境影响评价技术导则—总则（HJ 2.1—2011）.

[7] 环境保护部. 环境影响评价技术导则—大气环境（HJ 2.2—2008）.

[8] 国家环保局. 环境影响评价技术导则—地面水环境（HJ/T 2.3—1993）.

[9] 环境保护部. 环境影响评价技术导则—地下水环境（HJ 610—2011）.

[10] 环境保护部. 环境影响评价技术导则—声环境（HJ 2.4—2009）.

[11] 环境保护部. 环境影响评价技术导则—生态影响（HJ 19—2011）.

[12] 国家环保总局. 规划环境影响评价技术导则（试行）（HJ/T 130—2003）.

[13] 国家环保总局. 建设项目环境风险评价技术导则（HJ/T 169—2004）.

[14] 国家环保总局. 建设项目竣工环境保护验收技术规范—生态影响类（HJ/T 394—2007）.

[15] 常明旺，孔繁荣，等. 工业企业水平衡测试、计算、分析. 北京：化学工业出版社，2007.

[16] 国家环保总局. 排污申报登记实用手册. 北京：中国环境科学出版社，2004.